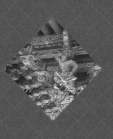

U0171303

古建筑

国家出版基金项目
NATIONAL PUBLICATION FOUNDATION

中国传统建筑
营造技艺丛书
（第二辑）

刘 托 主编

永靖古建筑
修复技艺

YONGJING GUJIANZHU
XIUFU JIYI

李晶晶 著

时代出版传媒股份有限公司
安徽科学技术出版社

图书在版编目(CIP)数据

永靖古建筑修复技艺 / 李晶晶著. --合肥:安徽科学技术出版社,2021.6
(中国传统建筑营造技艺丛书 / 刘托主编. 第二辑)
ISBN 978-7-5337-8399-0

Ⅰ.①永… Ⅱ.①李… Ⅲ.①古建筑-修缮加固-永靖县 Ⅳ.①TU746.3

中国版本图书馆 CIP 数据核字(2021)第 075384 号

永靖古建筑修复技艺　　　　　　　　　　　　　　　　　　李晶晶　著

出 版 人:丁凌云　选题策划:丁凌云　蒋贤骏　陶善勇　策划编辑:翟巧燕
责任编辑:期源萍　杨 洋　责任校对:戚革惠　责任印制:李伦洲
装帧设计:王 艳
出版发行:时代出版传媒股份有限公司　http://www.press-mart.com
　　　　　安徽科学技术出版社　　　　　http://www.ahstp.net
　　　　　(合肥市政务文化新区翡翠路 1118 号出版传媒广场,邮编:230071)
　　　　　电话:(0551)63533330
印 　　制:合肥华云印务有限责任公司　　电话:(0551)63418899
(如发现印装质量问题,影响阅读,请与印刷厂商联系调换)

开本:710×1010　1/16　　　印张:14.5　　　字数:232 千
版次:2021 年 6 月第 1 版　　2021 年 6 月第 1 次印刷

ISBN 978-7-5337-8399-0　　　　　　　　　　　　　定价:69.80 元

丛书第二辑序

　　自 2013 年"中国传统建筑营造技艺丛书"第一辑出版至今,已经 8 年过去了。这 8 年来,"营造技艺及其传承保护"已然成为中国传统建筑文化及文化遗产保护领域的热门话题,相关的课题研究、学术论坛高倍聚焦于此, 表明了营造技艺的学术性和当代性价值。不惟如此,"营造"一词自 1930 年中国营造学社创立以来,重又为社会各界广泛认知和接受,成为人们了解传统建筑的一种新的视角,或可以说多了一把开启中国建筑文化之门的钥匙。

　　研究营造技艺的意义是多方面的:一是深化和拓展了建筑历史与理论研究的领域;二是丰富和充实了文化遗产保护的实践;三是在全国范围内,特别是在民间,向广大民众普及了对保护和传承非物质文化遗产(简称"非遗")的认知。正是随着非遗保护工作的不断深入,我们对一些已有的认知也在逐渐深入和更新。比如真实性问题,每一种非遗都是富有生命活力的存在,是一种生命过程,这是非遗原真性的核心内涵,即它是活着的生命体,而不是标本。这与物质形态的真实性有所不同,其真实与否是活态非遗真伪的判断标准。作为文物的一座建筑,我们关注的是物态本身,包括它的材料、造型等,可能还会延伸到它的建造历史,它甚至可以引导我们穿越到初建或改建时的那个年代;而作为非遗的技艺,建筑物只是一个符号,我们要揭示的是建造技艺延续至今所包含的人类文明和人类智慧,它在我们当今生活中所扮演的角色,让我们既感受到人类文明的涓涓流淌,又体验到人类生活的丰富多样。我们现在在古建筑物质形态保护方面,对原真性保护虽然原则上也强调使用原材料、原工具、原工艺进行修缮,然而随着"非物质文化遗产"概念的引入和普及,传统技艺本身已然成为保持文化遗产真实性的必要条件和要素,成为被保护的直接对象。对技艺的非物质保护,首先就是强调其原真性需要得到保护,技艺的原真性就是有序传承的技术、做法、工艺、技巧。作为被保护对象,它们不应被随意改变。如同文物建筑不得被任意破坏或改动一样,作为非物质的载体,物质性的作品、成品、半成品、工具等都是展示技艺的要件,它们同时承载着识别技艺和展示技艺的功能,不应人为刻意掩盖或模糊技艺的真实呈现。所谓修饰一新、整旧如旧的做法,严格意义上说都不符合真实性原则。

又比如说活态性问题,非物质文化遗产是活态遗产,指的是非物质文化遗产在历史进程中一直延续,未曾间断,且现在仍处于传承之中。它是至今仍活着的遗产,是现在时而非过去时。一般而言,物质形态的遗产是非活态的,或称固态的,它是凝固、静止的,它是过去某一时段历史的遗存,是过去时而非现在时,如建筑遗构、考古遗址,乃至一般性的文物。然而非物质文化也并非全都是活态的,因而也不都是文化遗产,它们或许只是文化记忆,比如说终止于某一历史时期的民俗活动与节庆,失传的民歌、古乐、古代技艺,等等,虽然它们也是非物质的,也是无形的,但它们都已经成为消失在历史长河中的过去,被定格在某一时间刻度上,或被人们所遗忘,或被书写在历史文献中,它们在时间上都归为过去时。而成为活态的遗产则都是现在时,是当今仍存续的、鲜活的事项,如史诗或歌谣仍然被传唱,如技艺或习俗仍然在传承和被遵守,尽管它们在传承中也有所发展,有所变异。由此可见,活态并非指的是活动或运动的物理空间轨迹及状态,而是指生生不息的生命力和活力。活态性也表现在非物质文化遗产在传承与传播中不断地应变,像生命体一样在与自然环境及社会环境的相互作用中不断地生长、适应与变化,积淀了丰厚的政治、经济、历史、文化、科技信息,积累了历代传承人的智慧和创造力,成为人类文明的结晶,如唐宋时期的营造技艺发展到明清时期已然发生了很多变化,但其核心技艺一脉相承,并直到今日仍被我们所继承和发扬。

再比如说整体性问题,营造技艺并非只强调技术,而应该包含营建活动的全部,"营"代表了其中的精神性活动,"造"代表了其中的物质性活动。在联合国教科文组织所列的五种非遗类型中,有一些项目是跨类型的,建筑即是如此。虽然我国现行管理体制中把建筑列入技艺类项目,但其与人类认知、民俗、文化空间等内容都有着紧密的联系,这也证明了营造类文化遗产的复杂性和丰富性,需要我们认真研究和传承。现实中没有一项文化遗产不是一个复杂的综合体和有机体,它们都具有自己的完整结构和运行规律,每一项非物质文化遗产都是由持有人、遗产本体(如技艺、表演等)、物质载体(如产品、艺术品等)、生态环境(自然与人文环境)共同构成的。整体性保护就是保护文化遗产所拥有的全部内容和形式,对非物质文化遗产的科学保护意味着对其相关要素进行全面保护,否则就难以实现保护的初衷,难以取得成效。营造技艺保护在整体性方面可谓表现得尤为典型。

中国非物质文化遗产是按照分类进行专项保护的,但许多遗产在实际存续状态中往往涉及多种类型,如不强调整体性保护,很可能造成遗产被割裂、分解,如表演艺术中的戏剧、曲艺,大多涉及文学、音乐、舞蹈、美术,以及民俗。仅以皮影为例,就涉及说唱、美术、制作技艺等,只有整体保护才能取得成效。不仅如此,除去对遗产本体进行保护外,还要对其赖以生存的生态环境予以保护,其中既包括文化生态,也包括自然生态。就营造技艺而言,整体性保护意味着对营造技艺本体进行全面保护,即包括设计、建造、技术、工艺等各个方面。中国古代建筑的设计与建造是一个整体的两个方面,不可分割;不像现在,设计与施工已经完全是两个不同的专业领域。"营造"一词中的"营",之所以与今天所说的建筑设计有差异,主要在于它不是一种个体自由创作,而是一种群体性、制度性、规范性的安排,是一种集体意志的表达,同时本质上也是一种技艺的呈现形式。其实,任何一种手工技艺都含有设计的成分,有的还占据技艺构成的重要部分,如青田石雕、寿山石雕等。相比之下,营造方面的"营"包含的设计内容更为丰富,更为复杂。

对营造技艺的全要素进行整体性保护,需要打破物质与非物质、动态与静态、有形与无形的界限,正确认识它们之间的相关性。它们常常是一枚硬币的正反面,保护一方面的同时不应忽略另一方面。虽然我们现在强调的是针对非物质文化遗产的保护,但随着对文化遗产整体观认识的不断深化,我们必然会迈向文化遗产整体保护的层面,特别是针对营造技艺这类本身具有整体性特征的遗产对象。整体性保护与活态性相关,即整体保护中涉及活态(动态)与静态保护的有机统一。这里的活态保护主要不是指传承人保护,而是强调一种积极的介入性保护手段,即将保护对象还原到一个相对完整的生态环境中进行全面保护,这需要我们在一定程度上打破禁锢,解放思想,进行创新。现在有很多地方尝试进行一定的活化改造,即集中连片或成区片地整体保护传统街区、村落、古镇,同时保护与之相关的自然与人文生态,包括原有的地域性生活样态,如绍兴水乡、北京南锣鼓巷街区、川(爨)底下古村落等,都在力争保持或还原固有的风貌、风情、风俗,这是一种生态性的整体保护策略,是整体保护理念的体现。

在理论探索的同时,营造技艺的保护实践也在逐渐系统化和科学化,各保护单位和社会团体总结出了诸如抢救性保护、建造性保护、研究性保护、展示性保护、数字化保护等多种方式。

抢救性保护主要指保护那些因自身传承受到外部环境冲击而难以为继,需外力介入才能维持存续的项目,其保护工作主要包括对技艺本体进行记录、建档、录音、录像等,对相关实物进行收集整理或现状保存,对传承人进行采访,系统整理匠谚口诀,建立工匠口述史档案,给生活困难的传承人以生活补助改善其工作条件,等等。

建造性保护是非遗生产性保护的一种转译,传统技艺类项目原本都是在生产实践中产生的,其文化内涵和技艺价值要靠生产工艺环节来体现,广大民众则主要通过拥有和消费其物态化产品来感受非物质文化遗产的魅力。因此,对传统技艺的保护与传承也只有在生产实践的链条中才能真正实现。例如,传统丝织技艺、宣纸制作技艺、瓷器烧制技艺等都是在生产实践活动中产生的,也只有以生产的方式进行保护,才可以保持其生命力,促使非遗"自我造血"。相对一般性手工技艺的生产性保护,营造技艺有其特殊的内容和保护途径,如何在现有条件下使其得到有效保护和传承,需要结合不同地区、不同民族、不同级别的文化遗产项目进行有针对性的研究和实践,保证建造实践连续而不间断。这些实践应该既包括复建、迁建、新建古建项目,也包括建造仿古建筑项目,这些实质性建造活动都应进入营造技艺非物质文化遗产保护的视野,列入保护计划中。这些保护项目不一定是完整的、全序列的工程,可能是分级别、分层次、分步骤、分阶段、分工种、分匠作、分材质的独立项目,它们整体中的重要构成部分都是具有特殊价值的。有些项目可以基于培训的目的独立实施教学操作,如斗拱制作与安装,墙体砌筑和砖雕制作安装,小木与木雕制作安装,彩画绘制与裱糊装潢,等等,都可以结合现实操作来进行教学培训,从而达到传承的目的。

研究性保护指的是以新建、修缮项目为资源,在建造全过程中以研究成果为指导,使保护措施有充分的可验证的科学依据,在新建、修缮项目中和传承活动中遵循各项保护原则,将理论与实践相结合,使各保护项目既是一项研究课题,也是一个检验科研成果的实践案例。实际上,我们对每一项文物修缮工程或每一项营造技艺的保护工程,在实施过程中都有一定的研究比重,这往往包含在保护规划、保护设计中,但一般更多的是为了满足施工需要,而非将项目本身视为科研对象来科学系统地做相应的安排,致使项目的宝贵资源未得到充分的发掘和利用。在研究性保护方面,北京故宫博物院近年启动了研究性保护的计划,即以"技艺传承、价值评估、人才培养、机制创新"为核心,以"最大限度保留古建筑的历史信息,不改变古建筑的文物原状,进行古建筑传统修缮的技艺传承"为原则,以培养优秀匠师、传承营造技艺、探索保护运行机制等为基本目标,探索适合中国国情的古建筑保护与技艺传承之路。

随着第五批国家级非物质文化遗产代表性项目名录推荐项目名单的公示,又将有一批营造技艺类保护项目入选名录,相应的研究和出版工作也将提上议事日程,期待"中国传统建筑营造技艺丛书"第三辑能够接续出版,使我们的研究工作即便不能超前,但也尽力保持与保护传承工作同步,以期为保护工作提供帮助,为民族文化遗产的传播做出切实的贡献。

刘　托

2021 年 1 月 27 日于北京

目　　录

第一章

永靖古建筑修复技艺的源流与环境

第一节
技艺的缘起

一、技艺产生的背景

永靖县位于甘肃省临夏回族自治州(河州)的最北部,俗称"河州北乡"。黄河自青海奔涌而下,从东北向西南穿越永靖县全境。河水出炳灵寺峡口,便去了汹涌之势,温驯地汇入碧波万顷的高峡平湖——炳灵湖(图1-1)(刘家峡水库)。湖北岸山峰形似笔架,昔日闻名陇右的

图1-1 炳灵湖

喇嘛三川——白塔寺川、碱土川和喇嘛川就安静地躺在湖底。其中,白塔寺川正是永靖古建筑修复技艺的发源地。

白塔寺川因坐落于川子中心的白塔寺(相传始建于唐代)而得名,"川"指黄河泥沙长期淤积形成的小平原。因此,永靖木匠被称为"白塔木匠",他们所修的建筑被称为"白塔古建"。1968年水库蓄水,原喇嘛三川的百姓被迁至现今的三塬、岘塬、盐锅峡、西河等乡镇。据统计,现今白塔木匠主要分布在三塬镇、岘塬镇,盐锅峡镇的新源村、朱王村、陈家村,西河镇的沈王村、红庄湾村和杨塔乡。

白塔寺川自古就是木匠之乡,《续修导河①县志》有"北乡多木工,西川多瓦匠"②的记载。西北地区凡名刹古寺无不出自白塔木匠之手,如甘肃的拉卜楞寺,青海的塔尔寺,陕西的鹿龄寺,四川的拉茂寺,新疆的督统署,等等③。他们的足迹遍及甘、青、宁、新、川、陕、藏、内蒙古等地,在西北地区形成广泛的影响力,有民谚"白塔的木匠,五屯④的画匠"广泛流传。

永靖东与甘肃省省会兰州市相邻;北面毗连永登县;西边与青海省化隆回族自治县接壤,距离青海省的首府西宁市仅100千米;南部紧挨着积石山保安族东乡族撒拉族自治县、东乡族自治县和临夏县,并通过临夏县与甘南藏族自治州相连接,是青藏高原和黄土高原的过渡地带,中原文明和西域文明的融合地带,古丝绸之路和唐蕃古道上的要冲。县境内居住着汉、藏、东乡、撒拉、回、土、保安等民族,是个不

---

① 民国初永靖县分属导河县、皋兰县。

② [清]黄陶庵:《续修导河县志》卷一,[民国]徐兆蕃修,民国二十年(1931年)抄本,甘肃省图书馆藏。

③ 相传明代蒯祥修建故宫时,有一部分木匠来自白塔寺川。明初白塔寺川涌入一大批江南移民,其中不乏木工好手,对白塔木匠技艺的提高、名声的远扬有一定的促进作用。

④ 五屯,热贡的旧称。

折不扣的多民族聚居区。

中原文明和西域文明的碰撞,游牧文化与农耕文化的融合,孕育出白塔木匠兼容并蓄、多民族建筑文化杂糅的木作技艺。一方面,他们不仅善于修建汉式、回式、藏式建筑,而且善于将各民族建筑文化融合,形成汉回结合、汉藏结合等别具一格的建筑风格。另一方面,由于地处西北偏远地区,白塔木匠能够摆脱营造法式的束缚和建筑等级的约束,尽情发挥艺术想象,施展聪明才智,大胆地创造出许多令人叹为观止的精妙结构和建筑样式,如无柱无梁殿、天罗伞、凤凰展翅、二鬼挑担等。

白塔木匠自成一脉的建筑风格,丰富了中国传统建筑文化,在华夏建筑史上闪烁着耀眼的光芒。"永靖古建筑修复技艺"已于 2014 年12 月 3 日正式获批为国家级非物质文化遗产。

二、技艺兴起与发展的历史脉络

白塔木匠群体兴起于东晋,兴盛于明清。东晋时期,当地木匠已经掌握了利用天然地形修建大跨度木桥的技术,他们利用峡谷中的巨石做天然桥墩,建造了长 90 米、高 122.5 米的黄河飞桥。因战事原因,当地的古渡桥梁屡建屡毁,又屡毁屡建,给白塔木匠提供了大量的实践机会,造就了他们精湛的造桥技艺。相传,甘、青两地的黄河古桥皆出自白塔木匠之手。

东汉末年,佛教经甘肃传往中原,炳灵寺作为佛教信徒往来的必经之地逐渐形成气候。汉唐时,炳灵寺迅速繁荣,兴建了大佛阁等一批重要建筑。毗邻炳灵寺居住、生活的白塔木匠,为寺庙的修建做出了重要贡献,同时自身的技艺也在不断提高。

由于位于少数民族聚居区,当地多样化的民间信仰引发了广泛的寺院、道观、坛庙建筑的营造需求。明代,随着大批回族同胞定居河州,对宗教建筑的营造需求更甚。勤奋好学的白塔木匠根据不同民族和宗教文化的特点进行发挥创造:根据伊斯兰教的教义要求设计了一点落地式木拉楼(邦克楼),根据礼拜殿的空间需求设计出一担式、多担式、前卷后厅狼尾巴脊、无柱无梁殿等结构形式,以及天罗伞式藻井;根据藏传佛教大经堂的空间需求,使用悬臂梁结构减柱、移柱的八抬大轿、二鬼回衙等结构。这些样式不仅结构巧妙,而且外观精美,使白塔木匠得到了各族人民的广泛认可,声名远扬。

战乱使河湟地区的寺院、庙宇、道观、塔楼等屡建屡毁。到了清代,统治者对边疆采取怀柔、羁縻政策,倡兴宗教,这些都为白塔木匠提供了良好的机会,使他们的营造活动不断。民国时期,在一股兴建寺院、楼堂、馆所的浪潮中,涌现出陈来成、胥步山、朱存聪、陈闯成、海葫芦等大师级工匠。新中国成立后,白塔木匠人数大增。"文革"时期,传统建筑营造活动停止,白塔木匠从全国各地回到永靖县务农。改革开放以后,白塔木匠重振雄风,对毁坏的古建筑进行修复,同时新修了敦煌上下寺、月泉阁、敦煌山庄等近 5 000 座传统建筑, 名声大震。据永靖县古建公司统计,1978 年至 2012 年期间,白塔木匠共修佛寺 5 112座,庙观 1 428座,清真寺 3 718 座;维修旧建 1 478 处;其他如亭、阁、馆、堂、民居等民间不注册修建的建筑,则更难以计数。他们的营造活动一直延续至今,在西北地区十分活跃①。

---

① 参考《国家级非物质文化遗产代表性项目申报书》,永靖县文化馆提供。

第二节
自然与人文环境对技艺的影响

一、自然环境对技艺的影响

永靖县属于温带半干旱季风气候,年平均温度 8.6 ℃,年降水量 306 毫米(主要集中在夏季),年蒸发量 176 毫米,植被稀少,气候干燥①。虽然黄河贯穿永靖县境,其间又有洮水、大夏河、湟水注入,水力资源丰富;但是,由于地形复杂,山高水低,水力资源的利用难度很大,自然条件恶劣。

艰苦的自然环境塑造了永靖人朴实、坚毅的性格;同时,作为西北最大的孔氏聚居区,在当地深厚的儒家文化浸润下,永靖人形成了勤奋好学的品格②,《续修导河县志》就有"河州北乡之人习工好文"的记载。因此,当地各类手艺人应有尽有,不仅北乡的木匠、西川的瓦工、太极川的铁匠③赫赫有名,毡匠、彩棚匠、砖匠、石匠等也都出类拔萃。

白塔木匠不仅学习其他民族的语言(白塔木匠大多会说流利的藏

---

① 永靖县志编纂委员会:《永靖县志》,兰州大学出版社 1995 年版,第 71 页。

② 永靖县文化底蕴深厚,自古就是文化之乡、礼仪之乡,明朝时又有孔子后裔迁入,成为西北最大的孔氏聚居区。

③ 永靖生铁冶铸技艺于 2014 年 11 月入选国家级非物质文化遗产名录。

语），还学习各民族优秀的建筑文化，并根据各民族的文化特点和建筑需求加以创新，创造出许多独特的结构样式，以及十几种斗拱做法。丰富的创造力、坚韧的意志力和诚实守信的品格，使白塔木匠赢得了藏、蒙古、回、土等各族同胞的认可，祖祖辈辈的白塔木匠也早已将白塔寺川手艺人的信誉打了出去。因此，即使语言不通，但只要听到"白塔寺"或其藏语名字"乔典尕若"，当地百姓都会热情接待，"非白塔木匠不做，非五屯画匠不画"逐渐在西北地区成为人们的共识。

　　永靖县地处陇西黄土高原的西北部，不仅是青藏高原与黄土高原的交汇区域，也是祁连山脉余脉与陇西盆地的交错地带①，地质构造不稳定，地震频发②。并且，当地土质属于湿陷性黄土，易发生基础沉降③。因此，白塔木匠非常注重建筑结构稳定性的探索。他们设计的构件节点和大木结构非常精巧，不仅使白塔古建具有较高的稳定性和较强的抗震性，同时也产生了十分独特的建筑造型和样式。

　　由于当地的绿色植被稀少，景观环境单调，白塔木匠在注重建筑结构探索的同时，对建筑的美感也有着不懈的追求。他们一方面将精巧的建筑结构与美观的艺术造型巧妙结合，使建筑精美绝伦；另一方面，通过建筑外观极具装饰性的木雕、砖雕、彩画，对景观环境进一步塑造。同时，黄土高原明亮的阳光也给建筑的檐部及廊内投下一抹深暗的阴影，将精雕细刻的木雕、砖雕衬托得更加精美，使彩画更加鲜亮，进一步增强了建筑的艺术表现力，使白塔古建的艺术与黄土高原的风光相得益彰。

　　虽然当地木材资源匮乏，但与其毗邻的甘南、青海的森林资源却

---

① 永靖县志编纂委员会：《永靖县志》，兰州大学出版社 1995 年版，第 71 页。

② 《永靖县志》中仅明朝有记载的地震就达 7 次之多。

③ 李江，吴葱：《河西走廊特色建筑工艺做法——花板代拱》，《建筑史（33 辑）》2014 年第 1 期，第 72 页。

非常丰富，为白塔木匠提供了充足的营造材料。除陆路运输外，白塔木匠主要凭借地理优势依靠黄河水运获得木料，即将木头捆绑成木筏，从黄河上游的青海起运，在目的地雇用水手进行打捞。一个木筏可输送 50~60 立方米木材，运输成本较低。

二、人文环境对技艺的影响

永靖县文化底蕴深厚，是中华民族黄河古文化的发祥地和传播地之一，有"古生物的伊甸园""彩陶之乡"的美誉。永靖地区早在新石器时代就出现了由生息于青藏高原的古老民族——羌人①所创造的马家窑文化、齐家文化、辛店文化等较为发达的原始文明。秦始皇"因河为塞"，鼓励百姓向边疆迁徙，从此西羌各族与中原各地迁去的人口杂居。西汉的屯田制促进了河湟地区的开发，此时设立的临津渡口成为张骞出使西域和霍去病西征的要塞。西秦末，永靖地区归入吐谷浑。自唐代起，地入吐蕃。唐蕃和亲促进了两国交流，刘家峡地区成为来往唐蕃两地的重要通道。宋神宗时，在此夹河筑堡，抵御西夏进犯。由于对河湟地区的重视，明朝政府进一步加强了永靖地区的防御，修筑了大通堡和 20 余处烽燧台。受朱元璋军屯戍边政策的影响，大量江南汉民移居河州北乡，促进了当地文化的发展。明清以来，官府带领当地百姓开渠灌田、修建天车②，使人民的生活得到改善。黄河古渡的开辟、驿道的整修以及"茶马互市"的边境贸易，使永靖地区成为重要的商业集镇。民国时，永靖兴修了一批天车和渠道，尤其是民国三十一年（1942 年）永丰渠的建成，使地面平坦、土壤肥沃的白塔寺川成为当地最好的农耕区，当地百姓称之为"天心地胆的花果米粮川""金盆养

---

① 丁柏峰：《河湟文化圈的形成历史与特征》，《青海师范大学学报》2007 年第 6 期，第 68 页。

② 天车，又称"翻水车"，是利用水流落差驱动巨型车轮转动的木质提水工具。

鱼"的好地方。

　　作为中原与蒙古族、藏族等少数民族地区连接的咽喉,临夏地区不仅是历代统治者控制甘、青、藏等地区的战略核心地带,而且是丝绸之路南路通道和唐蕃古道的要冲。出于政治、军事、经济和文化等方面的考虑,永靖境内出现了许多黄河津渡,其中一些在军事和贸易史上起了非常重要的作用,如炳灵寺渡、风林渡、莲花渡、左南渡、刘家峡渡、小茨沟渡、哈脑古渡等,其中的炳灵寺渡是入蕃的必经之地。特殊的地理位置和区域环境,使当地兵燹频繁。《续修导河县志》载:"河州古多番祸。"①三国时期魏蜀曾长期争夺河湟;十六国至隋代在这里建立过许多少数民族政权,其中的吐谷浑王国从河州起家;随后的唐王朝与吐蕃多年争夺该地②;宋与西夏也常在河州交战。因战事原因,当地的关隘、古渡、桥梁屡建屡毁,寺庙、民居亦然,为白塔木匠提供了大量的实践机会。

　　为稳定边防,自秦起,统治者就开始实施"移民实边"政策,将中原各地百姓向甘、青边疆地区移民,充实边塞。汉武帝设河西四郡,为巩固河西走廊地区,又将大批中原百姓迁往甘肃。隋唐时期,丝绸之路的繁盛与茶马互市贸易的繁荣,促使大量中原商人自发移民于此。自宋以降,中原王朝与西北少数民族的战争不断,河州一带不仅沦为战场,而且一度长期归属吐蕃等,"原先定居的汉民几乎逃亡殆尽"③。朱元璋为消除边患,从洪武年间开始,通过军屯、罪戍等办法,将江南汉民大量向岷洮、河湟一带迁徙。现在的河州汉族居民大多来自苏州、南京等地。明朝的江南移民不仅带来了先进的文化,而且带来了先进的手工技艺。尤其是苏州地区精湛的木作技艺,为白塔寺川传统建筑木作技

---

① 〔清〕黄陶庵:《续修导河县志》卷一,〔民国〕徐兆蕃修,民国二十年(1931年)抄本,甘肃省图书馆藏。

② 蒲文成:《河湟地区藏传佛教的历史变迁》,《青海社会科学》2000年第6期,第95页。

③ 柯杨:《"花儿"溯源》,《兰州大学学报》1981年第2期,第61页。

艺注入了一股强大的活力,至今仍能从椽花等建筑构件的做法及彩画中枋心绘制的题材看出永靖古建筑修复技艺吸收苏派做法的印记。

多民族混居的人文环境使得当地道教、汉传佛教、藏传佛教俱全。"回族亦自有明以后,日渐繁盛。"①伊斯兰教迅速发展,在临夏地区形成"八坊十三巷"的繁盛局面。此外,作为我国西北地区最大的孔子后裔聚居区,永靖地区的儒家文化非常昌盛。各类文化相互融合,形成儒释道与伊斯兰教相交融的独特宗教氛围。此外,各民族还拥有各自独特的民间信仰,例如与天、地、星辰、气象等有关的自然神崇拜,与山、水、火等有关的自然物崇拜,与关羽等先贤有关的人物崇拜②。因此,当地的寺院、道观、拱北、坛庙、祠堂等各类建筑的营造需求广泛,营造活动从未停止。

第三节
技艺的传播地域及影响

永靖古建筑修复技艺的影响非常广泛,遍及甘、青、宁、新、川、陕、藏、内蒙古等地,其传播途径主要有三条:第一是通过寺院之间口口相传,第二是依靠地缘优势传播,第三是"技术移民"。

寺院之间的口口相传是最主要的一条传播途径。一方面,寺院之间

---

① [清]黄陶庵:《续修导河县志》卷一,[民国]徐兆蕃修,民国二十年(1931年)抄本,甘肃省图书馆藏。

② 朱普选,姬梅:《河湟地区民间信仰的地域特征》,《青海民族大学学报》2010年第3期,第86—91页。

的往来交流,他们对建筑的认可,对白塔木匠口碑的树立起到非常重要的作用。另一方面,当地宗教兴盛,白塔寺、炳灵寺及南关清真寺等寺院鼎盛一时,其下属寺院的崇拜和模仿,促进了白塔木匠声名的远扬。例如清朝时期,由于施行怀柔政策,藏传佛教在炳灵寺及其周边地区蓬勃发展,甘、青、内蒙古等地隶属炳灵寺的寺院有60余座,大大促进了白塔木匠技艺的传播。

其次,明朝中期,随着藏传佛教格鲁派的兴起,甘南、青海、内蒙古等地掀起了兴修寺院的热潮,白塔木匠依靠地缘优势,南下甘南,西上青海,北至内蒙古,并顺着甘南修到四川,沿着青海建到西藏。尤其在青海这个藏传佛教与伊斯兰教都非常鼎盛,建筑需求广泛的地方,白塔木匠利用地缘优势和同属河湟文化圈的认同感,凭借精湛的技艺,创造了辉煌的历史。直至今日,青海还流传着许多著名掌尺①的传奇事迹。

"技术移民"是白塔木匠技艺传播的第三条路径。由于建筑的营造周期较长,一些白塔木匠逐渐习惯了当地的生活,便携家带口迁移定居于此②,也有不少木匠与当地藏族、回族姑娘通婚。例如,青海的循化、湟中两县有大量技艺精湛的木匠,其中许多是因修建寺庙从白塔寺川而来的,贵德县赫赫有名的陶家木匠祖籍也是白塔寺川。此外,河西的乌鞘岭一带,四川西部、北部的阿坝、甘孜以及南充的阆中等地都有白塔木匠的后代③。这种"技术移民"现在仍在继续。此外,在甘肃供

---

① 具有丰富的建筑设计、施工经验,技艺精湛,并能组织施工的老木匠称为"掌尺"。

② 现居刘塬村的刘亨奎掌尺,现年78岁,其爷爷是当时著名的掌尺,因修建青海省海南藏族自治州兴海县的赛宗寺而携带家眷定居当地,其父亲刘意莲便出生在青海。刘意莲成年后,因惦念家中的庄廓,回到永靖盖了房子。刘亨奎9岁时跟随父亲去青海,直到70岁才回到永靖。

③ 白塔木匠移民湟中主要是因为修建塔尔寺,移民循化、阆中主要是因为修建清真寺。

职多年,曾任河州知州的杨增新[1],光绪三十三年(1907年)调往新疆时,带去了一批工匠,在塔城、阿勒泰、喀什等地修建了大量清真寺,这是白塔木匠"技术移民"的另一种方式。

第四节
技艺的构成与分工

传统建筑的营造,往往以木作为主导,永靖古建筑修复技艺也不例外。通常由木工掌尺承接工程,进行建筑设计,并组织协调泥瓦作、土石作、油漆彩画作等其他各作,共同完成建筑的营造。

木工掌尺即具有丰富的建筑设计、施工经验,技艺精湛,并且能够组织施工的老木匠。他不仅是整个营造过程的"总工程师",而且具有一定的声望和组织协调能力,是木匠的领头人。《园冶》云:"三分匠,七分主人……非主人也,能主之人也。"[2]掌尺便是这"能主之人"。掌尺一般负责建筑设计、统筹施工,不亲自动手。建筑设计好后,掌尺在丈杆上标记出重要构件的长度位置线,但不标出具体尺寸,匠人根据丈杆上的位置线进行木料加工。因此,这位掌握、控制建筑尺寸的

---

[1] 杨增新(? —1928年),字鼎臣,云南蒙自县人。光绪十四年(1888年)考中举人,翌年中进士,任甘肃省中卫县知县。光绪二十二年(1896年)升任河州知州,为河州百姓以及当地教育事业做出巨大的贡献。光绪二十七年(1901年)杨增新调离河州时,百姓夹道相送,立德政碑记其功德。临夏州志编撰委员会:《临夏回族自治州志》,甘肃人民出版社1993年版,第1393页。

[2] [明]计成著,刘艳春编:《园冶》,江苏凤凰文艺出版社2015年版,第2页。

人，便被称为"掌尺"。尺寸对建筑而言至关重要，"掌尺"这一称呼体现了作为木匠头领的至高无上的地位。同木作一样，其他各作的负责人也称"掌尺"。

木作中，画线以及组织施工等具体工作通常由贴尺负责。由于掌尺会将自己的全部设计意图交代给贴尺，因此，贴尺通常是掌尺最信任的人，以其儿子、侄子等亲人居多。掌尺退休后由贴尺接班，二者形成了一个木作班子的固定搭配。除掌尺和贴尺之外，一个木作班子中还有专门做建筑构件雕刻（开花槽）的花槽匠，负责加工榫卯的开卯匠，以及负责粗加工的普通木匠和学徒工等。

泥瓦匠的组成比较复杂，一部分工匠从泥瓦匠中分离出来，专门从事脊兽的制作（俗称"捏活"）；还有一部分工匠分离出来，专门从事砖雕的制作（俗称"刻活"）。这两项技艺都是永靖古建筑修复技艺中颇具特色的部分。捏活的工匠主要来自甘肃省天水市的甘谷县，定西市的通渭县和临洮县，其中"甘谷脊兽制作技艺"已于2006年被列入甘肃省首批非物质文化遗产名录，"通渭脊兽制作技艺"与"临洮脊兽制作技艺"于2011年被列入甘肃省第三批非物质文化遗产名录。刻活工匠主要来自临夏市临夏县，"临夏砖雕"入选第一批国家级非物质文化遗产名录。

负责油漆彩画的工匠主要来自永靖当地，他们在西北地区也小有名气。目前，以永靖彩画为代表的河州彩画，正在积极申报省级非物质文化遗产。对于一些等级较高或预算充足的建筑，彩画部分常由五屯（热贡）画师完成。正如当地民谚所说，"白塔的木匠，五屯的画匠"是营造一座建筑的最高配置。

木作、泥瓦作、油漆彩画作是永靖古建筑修复技艺的核心和最具特色的部分，也是本书论述的主要内容。除此之外，参与建筑营造的还有负责打制柱顶石、抱鼓石、阶条石等石质构件的石作，以及负责打制梅花钉、扒钉、门环等建筑构件,寺院中的香炉、钟等铁质物品和各作工具的铜铁作等,由于在营造技艺中所占比重较小且特色不鲜明,故本书不做讨论。

第二章
大木作营造技艺

第一节
大木结构的特色

1.多民族融合性

多民族交错的聚居格局为族群文化的交融创造了条件,文化互动带来建筑文化和建造技术的交流与广泛传播①。白塔木匠不仅在无形中成为传播者,而且不断学习和吸收各民族优秀的建筑文化,使白塔寺川传统建筑木作技艺具有了兼容并蓄、多民族建筑文化杂糅的特色。图 2-1 所示为永靖县大光明寺的汉藏结合式山门,共有四角踩、旋风踩、如意踩、凤凰踩、蜜盘踩五种斗拱。

图2-1　汉藏结合式山门

---

① 张萍:《河湟地区民族建筑地域适应性研究》,兰州大学2017年博士学位论文,第168页。

2.丰富的创造性

中高海拔宜农宜牧的环境造就了河湟人独特的文化品性，他们"一方面具有刚毅、豪放的游牧民族性格,充满活力,不拘一格;另一方面又具有循规蹈矩,保守念旧,容易满足的农业民族性格"①。因此,白塔木匠既保守地、家族式地传承着这一古老的营造技艺,又极富创新能力。他们摆脱营造法式的束缚和建筑等级的约束,大胆创新、尽情发挥,创造出无柱无梁式、一担式、多担式、二鬼挑担式、一点落地式、阴阳二十八角式等许多独特的结构样式,以及粽子踩、旋风踩、蜜盘踩、陆楞踩、凤凰踩、如意踩等十几种斗拱做法。

3.稳定的结构性

甘、青地区不仅是地震多发带,而且处于湿陷性黄土地区,浸水后土结构被破坏,易发生基础下沉,造成建筑倾斜、变形②。因此,白塔木匠非常注重建筑的稳定性和抗震性。他们一方面利用"木材的顺纹抗拉强度突出"③的特点,运用巧妙的结构设计,增加柱网之间的连接;另一方面通过严密的节点设计,增强构件之间的整体性,使建筑能够更好地承受由于地基不均匀沉降等因素在建筑内引起的弯曲应力。

4.极强的装饰性

白塔木匠不仅注重建筑结构的探索,而且珍视建筑美感的塑造。无论是斗拱、檐下承托系统还是各式新颖的结构,都实现了建筑结构与艺术造型的完美结合。建筑前檐(图 2-2)由于离人的视距较近而成

---

① 丁柏峰:《河湟文化圈的形成历史与特征》,《青海师范大学学报》2007年第6期,第69页。

② 李江、吴葱:《河西走廊特色建筑工艺做法——花板代拱》,《建筑史(33辑)》2014年第1期,第72页。

③ 刘宇霖:《湘西地区传统建筑檐下构件形式研究》,湖南科技大学2016年硕士学位论文,第23页。

为装饰的重点，其装饰效果一方面依靠造型奇特的各式斗拱来体现，另一方面依靠对檐下的承托构件进行雕饰来营造。这些雕刻着吉祥图案和装饰纹样的构件已经不再是单纯的建筑构件，而是以构件为依托的艺术雕刻，寄托了老百姓对幸福生活的美好愿望。除民居外，几乎所有的建筑都要进行彩绘，还有一些建筑在影壁、樨头等部位安装砖雕。

木雕、砖雕、彩画的结合，使白塔古建的建筑外观极具艺术表现力。此外，门窗也是装饰的重点部位，传承下来的门窗隔心样式有几十种，从中可以看出白塔木匠对建筑审美的不懈追求。

图2-2　青海民居极富装饰性的前檐雕刻（图片来源：史有东）

第二节
木 作 工 具

　　白塔木匠"既是生产者，又是劳动工具的制造者"[1]。他们将工具称为"家具"，意为吃饭用的东西，足见他们对营造工具的重视。"工欲善

----

① 钟敬文：《民俗学概论》，高等教育出版社2010年版，第45页。

其事,必先利其器。"工具的"利"用性直接关系到劳动效率与技术精度。除常见的木作工具外,由于特殊结构和特殊做法的需要,白塔木匠还自创了一些工具。然而,随着电动工具的引入,一些工具已逐渐被淘汰,以致消失殆尽。

| 一、解 斫 工 具 |

李浈在《中国传统建筑木作工具》一书中将用于截断、破解木料的锯和斧归入解斫工具①,许多文献中亦采用类似分类。然而,在实际操作中,斧除了解裂木料外,更多地用于粗取平,功能与锛有一定的相似之处。为了更好地进行对比说明,本文将其归入平木工具。

锯是木工开工首先要用到的解斫工具,种类比较多,按用途可分为下料类、制作类和精细加工类。

1. 下料类

此类锯子主要用于破解原始木料,尺寸较大。

（1）大刀锯

大刀锯(图2-3)是用来截断原始大型木料的工具。长度约2米,由一整块铁锻造而成,两端用铁卡固定在木把手上,可拆卸;一端宽20~26厘米,另一端宽12~15厘米,呈刀形。料口②厚度约2毫米,锯齿朝下。为了防止锯出的木屑卡在锯齿中,锯齿并不呈一条直线状,而是按

图2-3　大刀锯

---

① 李浈:《中国传统建筑木作工具》,同济大学出版社2004年版,第116页。

② 料口指锯齿的边缘。

照"一个正的,一个偏左,一个正的,一个偏右"依次交替排列。这样就使原本 2 毫米厚的料口,无形中加宽约 1.5 倍(约 5 毫米)。

使用大刀锯时,需两人配合,将木头一端架在架子上,另一端支在地面。一人站在被架起的木头上,另一人站在木头下面;两人分别抓住大刀锯两端的手柄,宽的一端在上;向上拉时只拉空锯,向下拉时做工(图 2-4)。根据李浈的研究,青铜时代已有刀锯,南北朝后期我国才发明了框锯[①],白塔木匠直至新中国成立前仍沿用刀锯形式的大锯,而非图片资料中的框锯,或可从一定程度上反映地处偏远之地的白塔木匠自成体系的发展与传承。

图2-4　两人配合使用大刀锯解木
(图片来源:李浈《中国传统建筑木作工具》)

大刀锯的工作效率很高,一天可以加工约 50 立方米木头。同时,料口的磨损也非常严重,每天都需要用锉将锯齿打磨尖锐。当磨损非常严重时,必须重新开刃。因物料稀缺,当锯条窄到一定程度无法使用时,木匠师傅就将其改成泥子板。如今,大刀锯的工作早已被电锯代替,白塔木匠手中已无大刀锯遗存。

(2)平改锯

平改锯也叫大改锯,长约 1.2 米、宽约 60 厘米,锯条约 5 厘米宽。

[①] 李浈:《中国传统建筑木作工具》,同济大学出版社 2004 年版,第 189、257 页。

平改锯锯条的锯齿向两侧倾斜,方便来回做工。锯条用锯錾(锯钮)固定在两侧的把手上,可拆卸;可根据材料所需宽窄、厚薄对锯档(锯条与锯梁的间距)的大小进行调节。锯架中间有两根翘棍,上缠翘绳。将两根翘棍反方向拧旋,通过拧旋的松紧调节锯条的松紧。翘绳通常用麻绳制作,结实、耐拉、不易变形。锯齿以中心为界分别向两侧倾斜(图2-5),拉动锯条时,来回方向均可做工。平改锯虽然体量较大,但一人即可操作,使用时将木头立起来,从截面开锯,一天可加工约20立方米木头。其现已被电锯替代。

图2-5　平改锯

(3)截锯

截锯(图2-6)呈弯刀形,也称刀锯,用来截头去尾或将木料截成段,也可用于锯树,需两人配合使用。截锯长1.5~2米,两端宽约8厘米,中间宽约20厘米。与大刀锯一样,截锯也由一整块铁打制而成,两侧打眼安装木把手。截锯的锯齿与平改锯的锯齿相同。

由于截锯的一些功能可由其他锯子代替,加之铁较昂贵,因此数量较少。目前已无实物遗存。

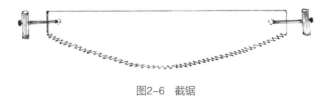

图2-6　截锯

2.制作类

此类锯子主要用于对破解好的木料按墨线所做标记进行加工。

（1）钢锯

钢锯（图2-7）有大钢锯、二联子、小钢锯三种。二联子即中号钢锯，既可用于改板又可用于开卯，是白塔木匠最常用的一种。白塔木匠将垂直锯木头的行为称为"撕"，斜着锯木头的行为称为"锯"，因此，使用钢锯锯木头称为"撕钢锯"（图2-8）。钢锯外观与平改锯相似，尺寸较小，一般0.8~1米长，锯齿朝一个方向，两端用锯鳖固定在锯把手上。

钢锯现已被电锯取代。电锯虽然效率较高，但锯齿较大、料口较大，致材料损耗较大，例如传统的锯子能出七分料，而电锯只能出五分半。

图2-7 不同型号的钢锯　　　　　　　　图2-8 "撕钢锯"

（2）卯锯

卯锯，顾名思义，用于开卯的锯子，其外形与钢锯类似，都属于框锯，但锯条较宽，锯齿更细密。卯锯一般长50~60厘米，更轻巧。

（3）旋锯

旋锯，用于处理曲线处，其外形与卯锯相似，但锯条较窄，料口较大，因此更加灵活。旋锯通常长50~60厘米，锯条宽约1厘米。有时其翘绳也用铁丝替代，用旋钮固定在锯把手上，使之更轻便。

（4）弯把锯

弯把锯有 4~5 种不同尺寸,锯条呈直角梯形,大头处安一个弯曲的木把,便于单手操作。弯把锯的应用非常广泛,现在仍在使用。它"身材"小巧,最常用的是长约 40 厘米的小号弯把锯(图 2-9),可收纳在工具盘中,使用极方便。

图2-9　小号弯把锯

3.精细加工类

此类锯子主要用于木料的精细加工,小木作中使用较多。

（1）挖锯

挖锯(图 2-10)有 2~3 种不同尺寸。因使用时的动作像挖东西,故称"挖锯"。矩形的锯刃镶嵌在三折式锯身上,锯齿向后,朝向把手方向。中等尺寸的挖锯,锯刃长约 8 厘米,锯身长约 28 厘米。细长的锯身方便处理人手不容易触碰到的地方,例如夹板两侧开槽。

（2）独条锯

独条锯(图 2-11)有单刃和双刃两种,2~3 种不同尺寸,长度 20~30 厘米。锯身细长,用途与现在的钢丝锯相同,但独条锯的锯条较厚,更易掌握。双刃的独条锯比较锋利,常用于加工镂空的地方;单刃的相对钝一些,用于处理细部。

图2-10　挖锯　　　　　　　　　　　　图2-11　独条锯

| 二、平 木 工 具 |

平木工具主要是将加工成粗坯的木料刮削、打磨平整的各类工具。

1.锛子、斧子

锛子和斧子,用于刨光之前将木料大致砍削平整,"技术高的匠人甚至只凭锛、斧就可以基本上达到大木作甚至小木作的加工要求"[1]。两者区别在于锛子为横刃,斧子为竖刃。

（1）锛子

锛子由锛刃、锛头和锛柄组成。与其他地区的锛子相比,白塔木匠所用锛子(图2-12)的锛头更厚重,类似一个截面扁平的长方体,质量更大,操作时更稳,力度更大。因此,相较于偏斧,白塔木匠的锛子常用于加工大料和粗取平。

图2-12 锛子及工匠使用锛子平木

（2）偏斧

白塔木匠使用的斧子为单刃斧,俗称"偏斧"(图2-13),斧刃的一面垂直,另一面略呈三棱锥形,使刃口处形成约20°的角。白塔木匠常利用偏斧的直边取直,操作较容易。相较于锛子,偏斧用于加工小料或

---

[1] 李浈:《大木作与小木作工具的比较》,《古建园林技术》2002年第3期,第43页。

做更细致的加工。斧子还有另一个重要功能,在组装构件时,它的另一头可以代替锤子充当敲打工具,或与凿子配合使用挖取卯眼。

图2-13　偏斧及偏斧的使用

2.刨子

刨子属于精加工工具,应用范围非常广,不仅可以用于取平、打磨,还可以通过不同形状的刨刃,刨出有特殊造型的木料。刨料是木匠的基本功。白塔寺川的木匠学徒,学的第一件事情——"改板子"就包括了刨和锯两项技术。白塔木匠所用刨子的种类非常丰富(图 2-14)。

图2-14　各式刨子

(1)推刨

推刨(图 2-15)是最常用的刨子,用于推平木料,有至少六种不同的型号。大推刨,用于掌握木料整体水平,长 40 厘米以上,较重,使用费力,尤其推到尽端时需要加大力度压住刨子,使其不至跌落。二联子,略短一些,约 30 厘米长,前端较轻。小推刨,更短更轻,长度在

图2-15 大推刨和小短推刨

20厘米左右。平木时,通常先用小推刨推光,再用二联子取平,最后用大推刨控制整体平整。

局部处理需要用到小短推刨,其长约15厘米,可取平凹陷的地方。最短的推刨是小弓刨,因把手呈弓形而得名,长度只有5厘米左右,可以握在手掌中,对一些较窄的地方进行刨光,或者处理一些弧度较小的部位。

(2)槽尺

用来开槽的刨子,长度与小短推刨相似,但宽度只有其一半,因刨身较窄,故称为"槽尺"。槽尺的结构与推刨略有不同,两侧没有把手,刨身中部的位置开一个与刨身约成45°角的槽,左侧打通,下端留一豁口,方便木屑排出;刨刃从槽的上方插入,并用木楔塞牢,取下木楔即可更换刨刃。制作凸槽的槽尺称为"单尺",因体形小巧,方便单手控制而得名。

(3)线刨

线刨与槽尺的结构很像,但刨刃的形状不同。根据刨刃的形状,线刨分为单线刨、双线刨、三线刨、圆线刨、一炷香、两炷香①等。

槽尺、线刨之类的刨子多用于门窗及外檐装修等小木作。除以上刨子外,还有圆瓦面、阳瓦面、阴瓦面、阴月牙等。白塔木匠往往会根据

---

① 一炷香、两炷香是指像一炷香或两炷香一样细的线脚,通常出现在门窗的压条上,本身只有5毫米宽的压条上面还要做棱子、起线脚。

造型的需要磨制刨刃,再根据刨刃制作刨子,实物制作的效果与刨刃磨制的水平密切相关。制作刨刃时,先在钢锯条上裁取刨刃所需尺寸,再在磨石上挖出所需造型,然后开磨。磨制一个刨刃大约需要一天时间。

三、穿剔工具

穿剔工具(图2-16)用于穿凿、剔除、切削木料,包括凿、铲、钻、刀和锥五大类。

图2-16　各类穿剔工具

1.凿

凿(白塔木匠发音似"啄")用于凿孔或挖槽。根据用途,分为板凿和圆凿两种,每种又根据刃口宽度分为五分凿、四分凿、三分凿、二分凿。(1分约为3.3毫米。)

(1)凿子与板凿

白塔木匠习惯称5分、4分、3分、2分的凿为"凿子",其常用于雕刻;称 1 寸(1 寸约为 3.3 厘米)、1 寸 2 分的凿子为"板凿",其常用于制作卯眼。此类凿的刃口平直。

(2)圆凿

圆凿常用于雕刻,刃口呈圆弧状。

2.铲

铲的外观与凿相似,铲刃锋利,料口厚度约为凿的一半;凿为单面刃,铲为双面刃。铲既可以用于凿,向下用力;又可以用于削,向前推进;还可用于局部木料的修平[①]。铲按用途分圆铲、边铲和叠铲三种。

(1)圆铲

铲刃呈弧形,常用于将木料的边角部位修整圆滑。

(2)边铲

边铲(图 2-17)又分直铲和斜铲两种。直铲的刃口平直,木材纹理顺时使用;斜铲的刃口成 30°~45°的斜角,木材纹理不顺时使用。

(3)叠铲

叠铲(图 2-18)的铲身细长,呈三折形,有斜叠铲和直叠铲两种,用于处理细节部位或人手不易触碰到的地方。

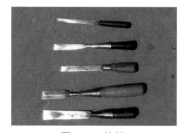

图2-17　边铲

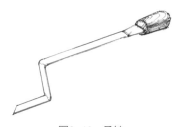

图2-18　叠铲

3.钻

钻(图 2-19)是传统的打孔工具,由钻棍、手把、甩棍、钻刃、牛皮绳

---

① 李浈:《中国传统建筑木作工具》,同济大学出版社 2004 年版,第 25 页。

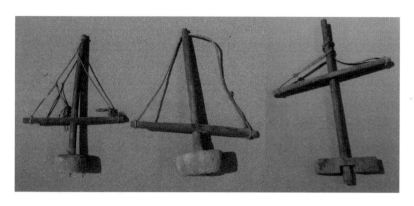

图2-19　不同规格的钻

组成。使用时转动手把,牛皮绳牵引钻棍旋转,并利用甩棍转动的惯性,带动钻刃旋转做工。钻刃嵌入钻棍中,并以铁箍固定,可根据不同的需要更换不同大小和形状的钻刃。根据钻刃分类,常用的钻有独头钻、三棱钻、圆钻,钻刃不同,其功能也不同。

（1）独头钻

独头钻用于打眼,钻刃呈扁菱形。

（2）三棱钻

三棱钻也用于打眼,但钻刃是立体的三棱形,比独头钻的效率更高。

（3）圆钻

圆钻（图 2-20）也叫旋刃,用于制作圆形构件,如藏式建筑的月亮枋、钱枋等。钻刃为三叉形,中心的支点起固定作用,两边的钻刃旋转划圆,原理与圆规相似。可根据所制圆形的大小制作不同规格的钻刃。将圆钻中间的支点改为钻刃,并稍微加长,即为三钻,可用于制作珠子。

家中日常使用的钻为扯钻,其体积较

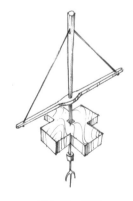

图2-20　圆钻

小,由钻头、钻弓、扯绳、钻棍组成。钻刃与木工钻一样,只是尺寸较小。钻刃嵌入钻棍之中,使用时左右拉动钻弓,扯绳带动钻棍旋转做工。

4.刀、锥

刀指刻刀(图2-21),主要用于雕刻。刀柄呈圆柱形,分3段,中间一段为木质,两端为牛角制成,以榫卯连接,并用皮胶固定,仅一端安装刀刃。刻刀的型号多达8种,最常用的是5分、3分和2分的。刻刀常与凿子配合使用。有些白塔木匠也用锥子,其主要用于穿孔,但用得很少。

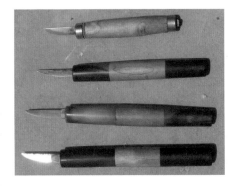

图2-21　刻刀

｜ 四、测 量 工 具 ｜

1.尺寸测量工具

(1)曲尺

白塔木匠的尺子由尺身与尺梢两部分组成,尺身有刻度,尺梢相当于把手,两者呈"L"形,故称"曲尺"。当地俗语"木匠的尺子一百分",说的便是1尺长的曲尺,也就是营造尺;又有俗语"铁七木八石六寸",是指木匠常使用8寸长的尺子。

尺寸对木匠来说是技艺的核心。《续修导河县志》载"当地通用裁尺较营造尺大四分"[①]。虽然有统一的营造尺,但是每位掌尺的尺子略

---

① [清]黄陶庵:《续修导河县志》卷一,[民国]徐兆蕃修,民国二十年(1931年)抄本,甘肃省图书馆藏。

有不同,且互相保密①。例如,朱氏的营造尺(图 2-22)长 32.2 厘米,比清尺(32 厘米)②长 0.2 厘米,此或是与其他派系的不同之处。刘亨奎掌尺是朱氏派系恒寿福的外姓徒弟,赛宗寺的一个旧经堂翻修时,刘掌尺将拆下来的构件进行测量,发现与他自己的尺子尺寸相合,便知道是朱家人做的,向师傅求证后得到确认。

图 2-22　朱氏营造尺

曲尺制作精美,尺面绘制出福、寿、云纹,尺身(尺座)端部开卯口,安装与之垂直的尺梢作为把手,有的还用铁皮加固,使其显得更为精致(图 2-23)。

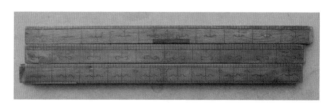

图 2-23　三把营造尺(尺梢已被取下)

(2)丈杆

1 丈长的尺子称为"丈杆",也叫"等身尺",截面为正方形,掌尺在其上准确地标记出重要构件的长度位置线,但不标出具体尺寸,尺寸只有掌尺知道。掌尺将尺寸告诉贴尺,由其指挥工匠以丈杆为参照制

---

① 尤其是一些精密的物件,尺寸失之毫厘,差之千里,更要保密。据胥氏第七代传承人胥恒通掌尺说,光绪年间当地来了一位四川木匠,专门制作风箱,其风力比本地木匠做的风箱风力大,且更省力。此木匠用鞋帮测量尺寸。胥恒通的爷爷胥正言拆开测量后发现其风叶略宽,且带有一定的弧度。
② 吴承洛:《中国度量衡史》,上海书店 1984 年版,第 66 页。

作各个构件。丈杆的优点不言而喻:首先是一杆到底,精确性更高。如果用短尺子,分多次测量,每一次都会产生误差,一个构件量下来误差较大。其次,简单明了,不容易出错。工匠比照丈杆上的位置线便可制作相应构件,不需要过多的解释说明。

有些掌尺按构件分类制作丈杆,如柱子丈杆、檩子丈杆;也有些掌尺在一个丈杆上标记出多个构件的尺寸,用不同颜色或符号加以区分。

(3)五尺

5尺长的尺子叫"五尺",其用途与丈杆类似,主要在制作较短的构件或修建民居等较小的建筑时使用。

(4)率尺

率尺可以理解为分丈杆,用于制作榫卯和斗拱的卡榫,也由尺身和尺梢两部分组成。尺梢较宽,一面与尺身平齐,另一面与其成直角。尺身上标出制作构件所需要的所有尺寸,并用刻刀开三角形凹槽。使用时,将尺身与尺梢的相交处卡在需要开榫卯的构件上,一手握尺梢,另一只手将尺身卡入相应刻度的三角槽内,移动率尺进行画线(图2-24)。

图2-24　用率尺画线

2.角度测量工具

白塔寺川传统建筑木作中有许多三角、四角、五角、六角、八角的造型,因此用于确定各种角度的尺子对白塔木匠来说非常重要。角度尺只有角度,没有刻度。

(1)角尺

角尺(图2-25)即直角尺,用于确定90°角和45°角,是白塔木匠最常用的一种角度尺,也称"斜尺"。

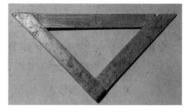

图2-25 角尺

(2)陆楞尺

陆楞尺也叫陆棱尺、六角尺,用于画60°角,是做六角亭、六棱窗以及六边形斗拱的必备工具。在圆周率尚未普及、西方算法尚未传入、量角器尚未发明的年代,白塔木匠使用口诀"寸三二寸三,陆楞在眼前"制作陆楞尺。根据该口诀,画两条相互垂直且顶点相交的直线,长度分别为1.3寸和2.3寸,将两者另一顶点相连,即可得到一个60°角(图2-26)。

(3)活尺

活尺(图2-27),顾名思义,是可活动的尺子或灵活的尺子,用于画任意角度。活尺由尺身、尺梢和螺母组成,使用时拧松螺母,将尺身调整到需要的角度,拧紧螺母即可画线。活尺常在制作冰裂纹门窗、水车等角度较多的物件时使用。

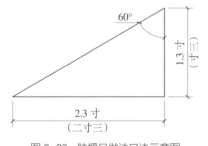

图2-26 陆楞尺做法口诀示意图

图2-27 活尺

3.误差测量工具

(1)水平尺

水平尺,为截面扁平的立方体,约1米长,木制,上皮两端及中心各有一个圆柱形凹槽,三者以细槽相连通,表面刷一层桐油。使用时,槽内注水,利用连通器原理找平,准确度较高。

(2)吊线锤

吊线锤是测定竖直度的工具,由一个铁陀和一截线组成。铁陀呈陀螺状,顶部中心有一凸起便于绑线。使用时以线提起铁陀,如果所测物与线是平行的,则所测物就是竖直的。有时也用墨斗上的线轱辘、石块或其他重物临时充当吊线锤使用。

五、辅助工具

1.画线工具

(1)画尺与墨盒

画尺是掌尺画线的工具,将牛角削成薄而细长的片制成。笔头是类似于斜铲刃口的斜角,上有若干豁口,以便吸取更多墨汁;也有一些用木筷改制的画尺。现在牛角画尺已经绝迹。墨盒是用来存放墨汁的容器,画尺与墨盒配套使用(图2-28)。

(2)墨斗

墨斗(图2-29)有木质、牛角两种,造型多样。墨斗由墨线、墨盒、手

图2-28 画尺与墨盒   图2-29 木质墨斗和牛角墨斗

摇线轴、线轱辘组成。墨线的一端缠绕在线轴上,另一端穿过墨盒缠绕在线轱辘上,墨盒内放置吸满墨汁的棉花。弹墨线时,用手摇动线轴使墨线反复经过墨盒,吸收墨汁上墨。

2.打磨工具

(1)锉

锉主要用于修磨用钝了的锯条。白塔木匠每天都会用锉将锯齿逐齿打磨,使其恢复锋利。最常用的是三棱锉,也有圆锉。常用的锉有大、中、小三种型号。

(2)磨石

磨石主要用于打磨斧、锛、刨、铲、凿等工具的刃口,使卷边、变钝的刃口重新恢复锋利。

3.其他辅助工具

(1)木马

木马(图2-30)用于锯、刨木料时架放木料。每只木马由三根木头搭制而成。两根圆木相卯合,呈"X"形,交叉点处揳入第三根较细的圆木进行支撑,形成一个稳定的三角形木架。木马对白塔木匠来说,不仅是重要的劳动工具,还是一个仪式感很强的道具。所谓"先造木马后选

图2-30 木马

梁",开工前,先由掌尺挑选优质的木料制作一对木马,然后将用来做梁的木料选好,架在木马之上。开工当天,由掌尺象征性地锯三下,砍三锛子,便代表开工了①。

（2）刮刀

刮刀(图2-31)由一块铁板打制而成,中间部分较宽,打磨出锋利的刀刃;两端向刀口方向弯曲,安装木把手。刮刀主要用于刮除木材外皮,通常用于刮除树皮较薄的小型木料,如椽子的外皮。树皮较厚的大木料用铁锹铲除树皮。

图 2-31　刮刀

（3）碰头

碰头(图2-32)用钉子固定在木工工作台的尽端,用于推刨时固定木料端头,使其在操作中稳固,不发生移位。碰头有木制和铁制两种,没有固定尺寸。木制碰头由一块截面扁平的矩形木块制成,前端削出一个"V"形豁口,以支顶木料;铁制碰头更小巧,呈剪刀状,端部略翘

图 2-32　木制碰头与铁制碰头

---

① 参见第六章第一节"二、架马仪式"。

起,用于固定木料。木制碰头通常现场制作,完工即弃;铁制碰头则在完工后拆卸下来,与其他工具一起被木匠带走。

（4）胶

一些构件之间的黏合需要用到胶。传统工艺所用的胶为木工自己熬制的皮胶,有牛皮胶和驴皮胶,有时还将牛皮、驴皮、马皮混合在一起熬制成胶。青海、甘南等地的人以糌粑和牦牛肉为主要食物,为熬制皮胶提供了充足的原材料。

皮胶熬制费时费力。首先将皮上的毛拔净,再用铲子将肉和油铲干净,清洗后放入一口大锅中,用小火熬。当皮快熬散时,用笊篱把浮在表面的残毛、泡沫撇去,再把混浊的水（稠水）全部倒掉,加清水继续熬,称"二回水"。熬制皮胶至少需要3天3夜,其间火不能灭,要边熬边搅,否则容易粘锅;火候也要控制好,若水量过少则需及时加水,否则一旦熬煳就前功尽弃了。整个熬制过程中还需要过滤几次,将胶从一口锅缓缓倒入另一口锅中,同时将杂质过滤掉,否则杂质太多会降低胶的黏合性。

当熬到一定程度时,用棍子在胶中蘸一下,提起来,若胶水往下滴时能连成一条线,胶就熬成了。这时要尽快将锅从火上端下来,找一块没有沙子的地面,将胶倒在地上,待胶凝固后用刀切割成一块块四方形,摞起来捆好。使用时用锤子砸碎,放入砂泥罐中熬化即可。

现在白塔木匠已不再熬制皮胶,而是购买现成的皮胶,用他们自己的话说熬胶"代价太大",熬制皮胶的方法如今也只有个别老掌尺知晓。

六、工具在现代的变化

随着社会的进步,经济的迅速发展,以及施工组织方式的变化,白塔木匠的营造工具也发生了很大改变。他们不用再像以前那样背着工具到处跑,而是有条件也有实力引进一些现代化设备,包括电动工具和机械设备,以提高劳动效率。电动工具主要是电刨、电锯、电钻等,机械设备主要是圆木机、旋皮机等。

现代化设备的引入在节省人工、提高工作效率方面具有积极的意义。例如圆木机(图2-33)可以代替刮刀、铁锹去掉木料表皮,并将木料加工成需要的直径。人力每人每天可加工8根左右直径20厘米的椽子,用机器则可加工60根,效率大大提高。这些工具和设备主要在粗加工环节使用,代替刨子、锯子、刮刀等手工工具完成木料去皮,粗细的处理,以及初步的锯解、刨光、取平等工作。进一步的精细加工,如榫卯制作、建筑雕刻等仍沿用传统工具和手法。也有一些规模较大的公司引进了立体雕刻机,用于雕刻以及门窗隔心的制作,但是仅限于仿古工程,修缮等其他类型的工程仍沿用传统技艺。此外,还有一些细小的变化,如考虑到使用的便捷性和长久性,加工中使用铁制木马(图2-34),在制作木工台时直接在台面做出碰头,铅笔、记号笔取代了画尺,等等。总体而言,现代化设备对白塔寺川传统建筑木作技艺的影响是积极的。

图2-33 刘才发掌尺改良的圆木机   图2-34 铁制木马

传统营造工具对白塔木匠而言还有一些特殊的意义,它们有的是祖师爷鲁班的象征,有的代表了真武祖师。立木时白塔木匠会将锯子、凿子悬挂于梁上,以祈求立木顺利。每年大年三十,他们会请出鲁班牌位供奉在堂屋,并将斧子、墨斗、凿子、画尺也供奉在桌子上,还要举行祭祀仪式[①],过了正月十五,再将牌位收好,工具取回。这个习俗现在仍在延续。

第三节
梁架构件的加工制作技艺

一、榫卯的种类及构造

与其他匠系相比,白塔匠系的榫卯体系相对比较简单,种类不多,构造简练,但是节点设计却非常精良,构造严密,因此建筑的整体性强,稳定性好。他们的营造术语中没有"榫卯"一词,称榫头为"公卯",卯眼为"母卯",制作榫卯为"开卯"。

1.水平构件与垂直构件拉结相交部位的常用榫卯

檩子等构件顺沿相交接处以及檐牵(额枋)、金牵(金枋)等水平构件与柱头相交的部位,用"大头卯",即燕尾榫,其外小里大,一般不带袖肩。为保证其拉结力,收分不宜过大,若小头宽5厘米,则大头每侧增加8~10毫米为宜;安装时上起下落,套好后不易出现拔榫现象。

固定垂直构件用"直卯",如瓜柱与梁架的连接(图2-35)。因瓜柱常与骑马墩(角背)结合使用,因此需开双卯,梁的上皮相应地削

---

① 祭祀鲁班的仪式与祭祀家中财神、灶王爷的无异,主要有烧香、点灯、献盘、烧黄表纸等环节。

去1寸厚,使骑马墩更加稳定。

　　白塔木匠善用悬柱(垂花柱),使用"勾头卯"(图2-36)吊挂在梁枋等构件的下皮。勾头卯内大外小,呈直角梯形状,卯眼也做成同样的形状,安装进去后,在直边打入一块木楔将其牢牢钩住。

　　悬柱、瓜柱的直径较小,为减小卯眼对其的损害,与其水平相交的构件常做成大进小出的"透卯";落地柱上的透卯一般不做成大进小出状。水平构件穿出柱子的部分常做成鹌鸽头的形状①,紧贴柱皮处开"半卯",上插"花销(当地音shāo)"与其十字扣搭,以防止构件水平移位。

图2-35　梁架与角背、瓜柱连接的榫卯　　　　图2-36　勾头卯

2.水平构件互交部位的常用榫卯

　　除水平构件顺沿相接所用的大头卯外,水平构件相互搭交的榫卯统称"襻口",如檐面与山面的檐牵(额枋)相交时,檐牵由柱心向外延伸出25厘米左右(视木料大小而定),称"过梢",檐牵与柱头相交的部位做出卡榫,刻口外侧要做出半圆形的"夹头",夹头与刻口并非垂直,而是向内倾斜形成一个三角形切口,称"刨尖",这样可使榫卯的接缝

----

① 鹌鸽头是插梁、托手、担子等水平构件伸出柱头的部分所做的一种酷似鹌鸽头的装饰造型。除鹌鸽头外,还有云头和靴子头造型。

更严密、紧实;柱头开十字卯口,两檐牵在卯口内十字相交,安装依照"山面压檐面"①的原则,此类带过梢的襻口称"过梢襻口"(图2-37)。

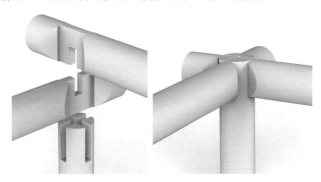

图2-37　过梢襻口(图片来源:杨鹏)

檩子之间搭交的襻口的做法是,将其高度二等分,依照"山面压檐面"的原则各刻去上面或下面,而后两者扣搭;刻掉下面的称"开下襻",刻掉上面的称"开上襻"。斗拱上的各横拱、竖拱、斜拱之间搭交的襻口的做法与之相似。两根拱搭交的,为"二襻口",上下各刻去一半,称1/2襻;三根拱搭交的,为"三襻口",上面的一根开下襻,即1/3下襻,中间的一根上下各开1/3襻,下面的一根开1/3下襻。襻口形状因搭交角度不同而不同。

3.水平构件重叠部位的常用榫卯

为使上下两层构件的结合更加稳固,二者之间有时需用"暗销"连接,如大椽(老角梁)与大飞椽(仔角梁)、檩子与椽花之间等。其做法与"栽销"相同,即"在两层构件相叠面的对应位置凿眼,然后把木销栽入下层构件的销子眼内。安装时,将上层构件的销子眼与已栽好的销子榫对应入卯"②。

为减少一些水平构件的跨度,使其与垂直构件的拉结更加牢固,

---

① 马炳坚:《中国古建筑木作营造技术》,科学出版社1991年版,第128页。

② 同①,第132页。

常在其下皮安装"半销"(图 2-38)。檐部的花牵①之下常用"半销",有两种做法。第一种半销形似倒置的花销,上皮开半卯,与鹁鸽头下皮十字扣搭,两翼承托花牵下皮;一块花牵板子的两端各由半个"花销"(图 2-39)承托,故曰"半销"。第二种做法,半销开半卯插入与花牵拉结的垂直构件,上皮承托花牵,产生类似雀替的效果。

图 2-38 半销(图片来源:史有东)

图 2-39 半销与花销(图片来源:史有东)

4.水平构件叠交部位的常用榫卯

水平构件垂直叠交时,常用"碗口"(即"桁碗"或"檩碗")安置檩子,如老檩(正心檩)下的衬墩,苗檩下的插梁(挑尖梁)等,都需要做出"碗口";碗口大小、深度依檩径而定,一般不做"鼻子"。

此外,大椽(老角梁)与大飞椽(仔角梁)、杠尖(隐角梁)与大椽之间的叠交成一定角度,具体将在本章第四节"一、翼角做法"中论述。

二、制 作 榫 卯

目前已知制作榫卯的方法有"讨退法""套榫法"和"记数图"②,三

---

① 花牵,檐部雕花的牵,代替横拱起横向拉结作用。

② 马炳坚在《中国古建筑木作营造技术》中详细论述了北方官式建筑制作榫卯时的"讨退法"原理,宾慧中在《中国白族传统民居营造技艺》中深入研究了云南白族匠师加工榫卯时使用的"套榫法",张玉瑜在《福建传统大木匠师技艺研究》中如实记录了福建地区大木匠师的"记数图"。

者的基本原理相同,"都是将制作好的卯口尺寸量度记录下来('讨'卯口尺寸),放样到木料上('退'榫头尺寸)",因使用工具不同①,具体操作步骤不同。据朱方超掌尺所言,白塔木匠以前制作榫卯的方法与讨退法类似,方法非常细致、系统。然而,如今他们已不使用这种方法,而是使用率尺制作榫卯,故将其定义为"率尺法"。

率尺②相当于分丈杆,体形小巧,主要用于制作榫卯和斗拱的卡榫。率尺法的原理是用曲尺量出已做好的母卯(卯眼)的长、宽、深等各项尺寸,将其标记在率尺上,再使用率尺绘制公卯(榫头)的墨线,一种卯口对应一把率尺。率尺法的使用与普及,与如今弯料及直径大小不一、柱头不圆的材料近乎绝迹有很大关系。它操作简单,易于掌握,而且工作效率较高,从这个角度来说,具有一定的进步意义。

以前由专门的开卯匠按照"留线不见线"的标准进行榫卯加工,榫卯规范,可以做到严丝合缝;然而,随着开卯匠在木匠队伍中消失,普通木匠取代开卯匠加工榫卯,达不到"留线不见线"的标准。由于每个人的手法不同,锯出来的榫卯也大小不一,因此,做出的榫卯相对比较粗糙,做不到严丝合缝,有时甚至差异很大,需在组装时进行调整,"小了再往大里做一下,大了打个木楔子"。因榫头的长度调整起来比较麻烦,为提高效率,制作时,公卯通常要比母卯的深度略短一些,按白塔匠师的说法,"5厘米深的母卯,公卯4.8厘米;6厘米深的母卯,5.5厘米的公卯,要留一点空隙"。过梢襻口上夹头和刨尖的处理,也是为了掩饰榫卯制作的缺陷,使榫卯间的连接看上去更严密、紧实。从这个角度来讲,目前的榫卯加工方法应视为技艺的倒退。

---

① 宾慧中:《中国白族传统民居营造技艺》,同济大学出版社2011年版,第140页。
② 参见本章第二节"四、测量工具"。

一些榫卯的制作还需要使用样板,如椽花上的卯口,数量较多,且每一排椽子与椽花搭接的角度都一样,使用样板可以大大提高工作效率。制作夹头这种带弧度的构件时,也需要使用样板。

第四节
大木结构的做法

一、翼角做法

1.释名

白塔寺川传统建筑的翼角采用"隐角梁法"[①]制作,大椽、大飞椽、杠尖、斜梁、斜插梁、悬柱、吊垂形成一套完整的结构体系,再加上落架板、角椽、飞头以及大小连檐、望板等附属构件,共同组成翼角。因白塔营造术语与清官式做法名称大相径庭,现将相关构件的名称对比列于表 2–1 中。

---

① 朱光亚在《中国古代建筑区划与谱系研究初探》一文中,将"黄河文化圈"中"大角梁常常近水平状置于金檩之下而有隐角梁存在"的结角方式称为"隐角梁法"。白塔寺川传统建筑的结角方式满足"近水平状"和"有隐角梁"两个特征,且属于"黄河文化圈",因此,本文将其定义为隐角梁法。朱光亚:《中国古代建筑区划与谱系研究初探》,《中国传统民居营造与技术》,华南理工大学出版社 2002 年版,第 8 页。

表 2−1 翼角构件的清官式做法名称与白塔营造术语对照表

清官式做法名称	白塔营造术语	解释说明
挑檐檩	苗檩	苗檩所处的位置相当于挑檐檩,但是直径较大,通常大于老檩;大式建筑中苗檩直径略小于柱径,小式建筑中大于柱径。
正心檩	老檩	老檩相当于正心檩,柱头位置有衬墩将其托起,衬墩上做檩碗,高度根据举架而定。
—	椽花	椽花置于檩上,用于安装椽子。
老角梁	大椽	—
仔角梁	大飞椽	—
隐角梁	杠尖	—
抹角梁	斜梁	—
角科挑尖梁	斜插梁（斜叉梁）	斜叉梁与挑尖梁的功能相似但位置不同,斜叉梁位于斗拱顶层。
衬头木	落架板	—
翼角椽	角椽	—
踩步金	山花檩、山花梁	—
—	腰檩	檐檩与金檩、金檩与下金檩之间,因结构需要增加的檩称"腰檩",是翼角结构中重要的部件。
—	腰牵	起横向拉接作用的构件统称为"牵"或"扯牵",因位置不同而名称不同。除老檩、苗檩外,所有檩的下皮均拉接一道牵,相当于随檩枋,截面扁长,故有"圆檩扁牵"一说。"腰牵"即拉接于腰檩下皮的随檩枋。
垂花柱	悬柱	悬柱外观与交金垂柱类似,但是位置与功能大不相同。悬柱是翼角结构的重要节点,一方面承托腰檩,另一方面固定大椽和斜插梁的后尾。
—	吊垂	吊垂悬吊于大椽前端下皮,起平衡大椽前后受力和装饰的作用,形似小垂花柱。
飞椽	飞头	—
—	角帽桩	置于仔角梁上,用于安装翼角套兽。

2.做法

(1)翼角结构

大椽水平挑出,中部有老檩支撑,尾部担在斜梁上。斜梁中间搭在斜插梁上,两端分别插入檐面、山面与角柱相邻的两根檐柱中心处的老檩下(替代衬墩)。大椽尾与斜插梁尾插入紧贴斜梁的悬柱,并伸至悬柱之外,做鹁鸽头。悬柱下端做垂花造型,柱头上皮承托十字卯合的腰檩,腰檩下皮拉结一道腰牵插入悬柱柱头。

参见图2-40,腰檩在翼角结构中起着非常重要的作用,它们压在悬柱柱头之上,以平衡大椽前端所承受的大飞椽的重力;大椽前端下皮开勾头卯,悬挂一个吊垂,进一步平衡大椽前后的受力。杠尖头落在大椽上皮正对柱头中心的位置。杠尖头削成楔形,同时将大椽上皮削出1寸左右深的楔形凹槽,杠尖头插入其中,并用两根8寸长的四方铁钉将它与大椽和老檩固定在一起;杠尖后尾卯合于腰檩椽花的端

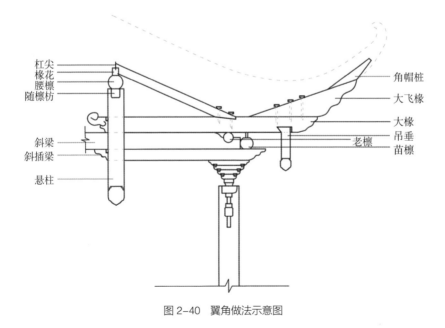

图2-40 翼角做法示意图

部。大飞椽也用3根四方铁钉钉入大椽,角椽尾则钉在杠尖上。过去铁钉造价高, 匠人多在角椽与杠尖上用手钻打眼, 用刺①和皮胶将二者"销住"(连接起来)。大椽与大飞椽之间也不用钉子:将大椽上皮与大飞椽相接触的部分削去1寸厚, 并在垂直截断面上开一个水平的卯口, 称"插缝口"。大飞椽尾开燕尾榫, 插入插缝口中进行固定。大椽上皮与大飞椽下皮有暗销②连接(图2-41)。临夏地区回式建筑的翼角套兽常做成象鼻状, 头部有一朵花, 狭长而中空, 像一顶帽子, 称"帽头", 此类建筑还需在大飞椽上做出一个类似飞头的构件, 称"角帽桩", 以安装翼角套兽(图2-42)。

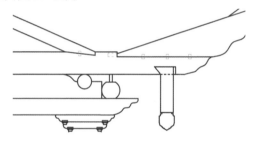

图2-41　传统做法中杠尖、大飞椽与大椽连接做法示意图

图2-42　角帽桩及翼角套兽

---

① 据朱氏第七代传承人朱方超掌尺介绍,"刺"是一种类似红柳的灌木,有黑刺和黄刺两种。黑刺有像仙人球的刺一样的毛刺,不便使用;黄刺最好,毛刺少,形状好。因现在早已被铁钉代替,究竟"刺"为何种植物,还有待考证。

② 暗销仍使用"刺",或是为了利用"刺"自身的毛刺吸收皮胶,以增强黏合力。

就这样，大椽形成了一个以老檩和斜梁为支点分别向内外挑出的杠杆，依靠两端的荷载取得平衡，又通过腰檩将四个翼角连接成一个整体，加强了建筑的整体性，结构完善。吊垂的位置醒目，与悬柱下端一样，常做成桃子、石榴、葡萄等各式造型；还有的工匠为了美观，别出心裁地将吊垂做成灯笼造型（图2-43）。

图2-43　建筑上灯笼造型的吊垂
（图片来源：朱方超）

（2）翼角起翘

清官式做法按"冲三、翘四、撇半椽"[①]的比例制作翼角，该比例不适用于白塔古建。因为白塔古建各构件之间没有严格的比例关系，无法用"个别构件的尺寸推定其他关乎整体造型的参数"[②]。白塔木匠计算翼角冲出与起翘的方法如下：

大椽冲出2椽档，即大椽外端的正投影长出正身椽2椽档。椽档为檐眉（斗拱分心到檐椽头）的1/3。出于经济因素的考虑，过去白塔古建的椽径往往并不统一，因此，以可人为控制的椽档距为参照。过去建筑的开间与用料的尺寸都比较小，2椽档大约是1.2尺（约0.4米），因此，白塔木匠有口诀"要想角子好，一尺二寸要"；如今，开间与用料的尺寸变大，1.2尺也相应地增加为1.5尺（约0.5米）。大椽升起1椽档，即大椽下皮距苗檩上皮为1椽档的距离。

参见图2-44，老檩到两侧檐椽平出交点的距离（a），加上冲出的2椽档（b），再加上老檩到悬柱的距离（c）即为大椽的长度。白塔木匠采用"方五斜七"的口诀计算正方形对角线的尺寸，根据檐椽平出的距离（d）

① 马炳坚：《中国古建筑木作营造技术》，科学出版社1991年版，第218页。

② 唐栩：《甘青地区传统建筑工艺特色初探》，天津大学2004年硕士学位论文，第86页。

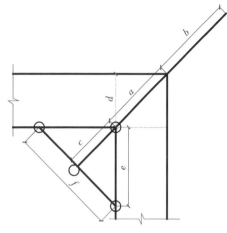

图2-44　大椽(老角梁)长度计算方法

即可计算出 a 的长度。采用同样的算法,根据檐柱到角柱的距离(e),可算出斜梁的长度(f),$f/2$ 即为 c。再加上悬柱的直径以及角梁后尾穿出悬柱的长度(约 3 寸),大椽的长度随之确定。

翼角起翘的高度还与大飞椽有关。大飞椽的头尾比例越大,起翘越高。因建筑审美的变化——当地百姓越来越倾向于翼角起翘较高的建筑,大飞椽的头尾比从过去的 1:2 变为 1:1.5,该比例的结构受力更好,稳定性更强。飞头也依据此比例(飞头的头部长度过去是檐椽平出的 1/4,现在是 1/3,飞头的尾部长度是檐椽平出的 1/2)建造。

另一个需要说明的问题是,当檐廊距离较短时,腰檩可以不设椽花,杠尖后尾穿过腰檩卯合于金檩椽花上,一些学者称这种做法为"多步一折"[①]。

｜ 二、举 架 做 法 ｜

与清官式建筑的举架相比,白塔古建的檐部比较平缓,脊部较为高耸,呈现出"檐如平川,脊如高山"的建筑风貌。白塔木匠将举架的算法称为"取水",依照口诀"举折(即举架)三六九,殿堂四七尽,人家二五八,需要加八分"进行屋面坡度的设计,包含了三种不同情况。

---

① 吴葱在《青海乐都瞿昙寺建筑研究》一文中,将"除了檐部而外,椽望的举架,并不是每一步架用一椽,而是每两步架或更多的步架用一椽"的做法称为"两步一折"或"多步一折"。吴葱:《青海乐都瞿昙寺建筑研究》,天津大学 1994 年硕士学位论文,第 35 页。

"三六九"指举高与步架之比,由檐步开始向上依次为 0.3,0.6,0.9,1;"四七尽"指举高与步架之比最高分别可达 0.4,0.7,1,1.2,也称"三六九起架法"和"四七挂尺",一般用于大式建筑(图 2-45)。

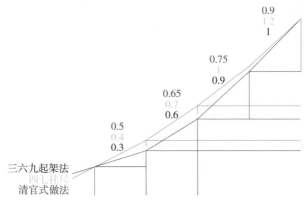

图 2-45 大式建筑举架做法示意图

由于当地干旱少雨,民居屋顶坡度较缓,"二五八"即为做民居屋脊的口诀(图 2-46)。与上面两种不同,"二五八"不是比值而是尺寸,即以金檩为起点,下金檩、上金檩和脊檩依次抬高 2 寸、5 寸、8 寸(檐部通常抬升 3~4 寸),通过瓜柱调节屋面坡度。用这种方法做出的屋脊为一条直线,单坡顶(一面水)的叫"一枪戳下马",也叫"撅屁股";两坡顶的通常脊部用弯椽,称"磨坊脊"。由于进深较浅,通常只施两截椽子,有时甚至一根椽子贯穿整个屋面,即所谓的"两步一折"或"多步一折"。

"需要加八分"适用于伊斯兰建筑。由于伊斯兰建筑追求高耸的屋脊,因此可以在每个数值的基础上增加 8 分,以使屋面坡度更加陡。

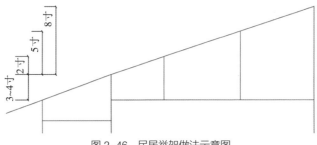

图 2-46 民居举架做法示意图

白塔寺川古建筑木作技艺的灵活性较大,在实践中,工匠常根据实际情况,参照口诀中的数据进行调整。除上文中的举架法外,白塔木匠还常使用一种"取水"的简便方法,称"举出来的不如 yǔ(意为'使弯曲')出来的"。绘图时先确定檐步和脊步的高度,然后取一根芦苇秆,将其首尾分别放在檐步和脊步的位置,施力使芦苇秆向内弯曲;根据芦苇秆形成的弧度,结合建筑的整体比例确定举架;最后用放大样的方式做出屋面坡度。根据芦苇受力时自然形成的弧度做出的屋面比根据口诀、算法做出的更加流畅、美观。

三、椽子安装

1.椽花挂椽

（1）椽子的位置与名称

椽子承载屋面荷载并传递给檩,是传统建筑中一种非常重要的构件。白塔寺川传统建筑木作技艺中椽子的做法和挂椽的方式表现出明显的地域特征。在此需对椽子的地方叫法进行简要的说明:介于脊檩与金檩间的称"脊椽",金檩之间的叫"槽椽",伸出檐檩的是"檐椽",附着在檐椽上并与之一起挑出的为"飞头"。各檩的位置与名称如图 2-47 所示,椽子名称对比见表 2-2。

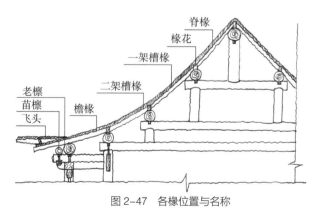

图 2-47　各椽位置与名称

表2-2　椽子名称对比表

位置	名称及出处		
	《清营造则例》 （北方地区）	《营造法原》 （南方地区）	河州白塔寺川 （西北地区）
脊檩与金檩之间	脑椽	头停椽	脊椽
金檩之间	花架椽（上花架椽、 中花架椽、下花架椽）	花架椽（上花架椽、 中花架椽、下花架椽）	槽椽（一架槽椽、 二架槽椽、三架槽椽）
伸出檐檩	檐椽	出檐椽	檐椽
檐椽外端	飞椽	飞椽	飞头

（2）椽花的使用与做法

椽花是连接两节椽子的独立构件。它置于檩之上，与檩同长，截面为矩形，高度略大于椽径。椽花与檩条以"销子"相连接，即椽花下皮和檩条上皮分别等距开长约5厘米、宽约1.5厘米、深3~5厘米的榫槽（每根开三四个），中间插入等大的木销子将两者卯接。椽花上部两侧按椽档距开燕尾榫槽，以卯合上下两椽头的燕尾榫。

需要说明的是，只有在两椽搭接处（即屋面举架转折处）才需使用椽花；其他情况下椽直接从檩上通过，如檐檩①。因此，在檐檩处需使用"插挡板"（相当于闸椽）填补椽与檩之间的空隙。另外，脊檩椽花的做法较为特殊，一般做成五边形，或者使用"檩代椽花"，即把脊檩的上部做成椽花，使脊檩与椽花合二为一。

（3）椽花挂椽的结构优越性

与"乱搭头"和"斜搭掌"这两种常见的挂椽方式相比，椽花挂椽法的结构优越性非常突出。首先，使用椽花连接的椽子，每个都是独立的构件，即使一个损坏也不会对整体结构产生大的影响，大大延长了建筑寿命。其次，使用椽花将上下椽子与檩紧密地连接在一起，不但保证了每个构件的完整性，而且形成"三位一体"，使屋面与屋架的整体性更强，各檩之间又通过椽子与椽花互相牵制，进一步加强了整体结构

---

① 吴葱：《青海乐都瞿昙寺建筑研究》，天津大学1994年硕士学位论文，第34页。

的稳定性。再次,椽花的位置处于檩的正上方,屋面荷载可垂直传递给屋架,力学结构稳定。最后,椽花的使用使上下步架的椽子一一对应,视觉上整齐划一,更加美观,而且填补了椽与檩之间的空隙,起到《营造法原》中所说稳椽板和闸椽的作用。

2.稳椽

椽花挂椽法中,椽子的制作和安装是一道重要的工序,叫作"稳椽"(图2-48)。稳椽的技术性很强,在稳椽架上进行。

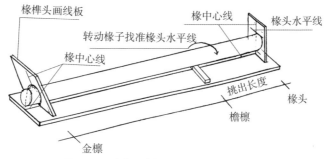

图2-48 稳椽示意图(图片来源:胥元明)

首先,在架子的一端固定一块木板,木板上按最大椽径画出一个圆形和圆的中线(椽中心线),这块木板叫"号板"。然后,将椽子平放在架子上,椽头顶在画好的圆形里,转动椽子,使其上皮与圆形最上面(椽头水平线)平齐后将其固定,目的是保证粗细不一的椽子在安装完成后保持上皮平齐。

其次,根据举架,用放大样的方式,制作出一个模板(椽榫头画线板),以确定椽子实际安装时的角度。将椽子的另一端用该模板支撑起来。

最后,对比模板在椽头两侧画出榫底角度线,再用燕尾卯尺(率尺)在椽头画出开卯的线,然后进行加工。这样椽子就"稳"成了。

"稳"好的椽子,长短、角度都非常精确,可以直接安装,不需要在房上再次进行修改。由于上下椽花的角度不同,每一个椽头需要做一个稳椽架,例如槽椽需两头开卯,要做两个架子;因此,为了方便,在操

作中往往将同一步架的椽子集中处理。

椽子一般为双数,开间中轴对应椽档。与苏式做法中正间居中设椽的"雄椽居中"①法大相径庭。椽档距一般为两个椽径。安装时,先放出每个椽子的中心墨线,然后从中间向两边安装。安装顺序是由下至上,先安装檐椽,继而槽椽,最后脊椽。

3.椽花挂椽法的源流

椽花的使用极具地域性,除河州之外,该做法仅在苏州地区有所发现,如苏北的扬州、泰州、南通、盐城等地传统建筑中普遍采用椽花②。那么,二者之间是否存在某种联系呢?

首先,从做法上看,二者存在一定差别。苏作椽花的功能更接近《营造法原》中所记载的椽稳板和闸椽的功能,装饰功能体现得较为突出;而在白塔寺川的做法中,更加重视椽花的结构作用。

其次,明洪武年间在河州设立卫所屯戍制度③,通过军屯、罪戍等办法,将江苏南京等地人口大量向洮岷河湟一带迁徙,这与白塔匠系兴盛的时间相符,并且白塔木匠大多有先祖从南京应天府移民河州北乡的口述史。

最后,从现存的明清建筑实例来看,椽花在当地出现并流行是在明中叶之后,恰与江南人口移民河州的时间相吻合④。

因此,我们可以推断,椽花挂椽法是白塔木匠吸收苏派做法并经过改良所形成的一种优质工艺,这为明清时期江南移民提供了一个建筑学方面的佐证。

---

① 侯洪德,侯肖琪:《图解〈营造法原〉做法》,中国建筑工业出版社 2014 年版,第 8 页。

② 李新建:《苏北传统建筑技艺》,东南大学出版社 2014 年版,第 45 页。

③ 晏波:《明初洮岷河湟地区的江淮移民研究》,《兰州学刊》2012 年第 12 期,第 38 页。

④ 参见拙作《河州白塔寺川营造技艺"椽花挂椽"做法及源流考》,载《装饰》2017 年第 3 期,第116—117 页。

| 四、大式建筑的斗拱做法 |

　　种类繁多、结构复杂、造型别致的斗拱不仅是形成白塔寺川传统建筑独特风貌的典型元素，也是一种重要的营造特色。

　　白塔木匠将斗拱称为"踩"，他们善于使用三角形、四边形、六边形、八边形的踩，以及由两攒踩或多攒踩穿插组合而成的组合式踩，种类繁多。

1.释名

　　因斗拱结构的独特性，其许多构件的名称无法与清官式建筑中的相对应，故本文尽量使用白塔的营造术语以确保准确性，相关名称对照见表2-3。

表2-3　斗拱的清官式做法名称与白塔营造术语对照表

清官式做法名称	白塔营造术语	解释说明
斗拱	踩	—
一攒	一墩	—
一跳	一层	—
坐斗	斗、大斗	—
拱、翘	撑子、拱子或踩子枋	所有拱统称"撑子"，其中横拱统称"怀撑"，正中心的翘称"停心"。
三才升	尕升	所有的升统称"尕升"。
平盘斗	塌塌（音[t'iə]）尕升	不开槽的尕升。
挑尖梁	插梁（叉梁）	叉梁与挑尖梁的功能相似但位置不同，叉梁位于斗拱顶层。
蚂蚱头	舰栋（间栋）	其外伸部分常做成鸽子头的形状，称为"鹁鸽头"，里外拽造型相同。

清官式做法名称	白塔营造术语	解释说明
昂	狼牙	—
拱眼	蜂窝	—
斜拱	斜膀翅	与面阔方向呈 45°或 60°角的斜拱。
—	串条	位于斗拱最顶层,穿插在舰栋里,将每攒斗拱连接在一起。
卡榫	襟口	—

2.斗拱的类型

（1）三角形斗拱

三角形斗拱因立面造型似粽子而被称为"粽子踩",其结构最复杂,制作最烦琐,目前掌握其制作方法的工匠已寥寥无几。

粽子踩是组合型斗拱,由一个底边朝外的等腰三角形、一个顶点朝外的等腰三角形不断重复而构成;底边朝外的做柱头科,顶点朝外的做平身科,与角科穿插在一起,形成一个整体性强、结构严密、稳定性好的斗拱层。

粽子踩常用于清真寺,按不同结构又分为"阴粽子"（图 2-49）和"阳粽子"（图 2-50）,还有一种"阴套阳"的粽子踩,尚未发现实例,也无工匠知晓其制作工艺,仅留下一个神秘的名称。

图 2-49 "阴粽子"　　　　　　　　图 2-50 "阳粽子"

（2）四边形斗拱

四边形斗拱指平面结构为四边形的斗拱，是结构最简单却变化最丰富的一类，共四种，分别是四角踩、凤凰踩、如意踩、凤凰三叉手。其中，四角踩的结构是基础，其他三种均由其演变而来。

四角踩（图 2-51）的平面为正方形，立面造型硕大、雄伟，因结构严密，常用于做柱头科、角科[①]。

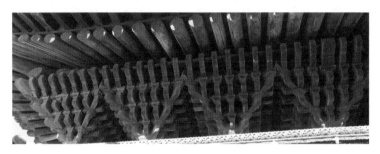

图 2-51 四角踩

凤凰踩（图 2-52）疏朗、美观，常置于当心间的正中，其结构与四角踩如出一辙，区别在于仅怀撑出跳，停心不出跳，故而形成酷似展翼凤凰的立面造型。

图 2-52 凤凰踩

---

① 刘致平在《中国伊斯兰教建筑》一书中描述兰州桥门街清真寺的四角踩为"四面出跳""四面的立面完全相等"。刘致平：《中国伊斯兰教建筑》，新疆人民出版社 1985 年版，第 140 页。

如意踩(图 2-53)是由两攒凤凰踩穿插组合而成的一种平身科斗拱,立面造型舒展、大气、美观,常置于当心间的正中,形成视觉中心,很少置于他处。

图 2-53　永靖大光明寺的如意踩

凤凰三叉手(图 2-54)也是一种组合型斗拱,由五攒斗拱穿插组合而成,因立面形成三个叉形而得名。凤凰三叉手常常与角科穿插在一起,形成类似圈梁的结构层,多用于攒尖顶建筑或楼阁式建筑。

图 2-54　青海洪水泉清真寺宣礼塔顶层的凤凰三叉手

(图片来源:史有东)

(3)六边形斗拱与八边形斗拱

平面结构为六边形的斗拱称为"陆楞踩"(图 2-55)。陆楞踩造型美观,深受当地群众喜爱,常做平身科。八边形斗拱完成后近乎圆形,故曰"蜜盘踩"(图 2-56),其除做平身科外,还常用于亭子的藻井,与垂花

图2-55　陆楞踩　　　　　　　　　　图2-56　八角亭藻井的蜜盘踩

柱一起形成美妙的视觉效果。陆楞踩与蜜盘踩的结构相似,区别在于拱的数量不同。

（4）"品"字形斗拱

"品"字形斗拱是与官式斗拱最接近的一类,在白塔营造术语中称为"旋风踩"。其做法与清官式做法的区别主要有两处:第一,拱的个数和长度随出踩层数增加而增加,而不限于清官式做法的两重拱①;第二,挑尖梁（舰栋）位于斗拱的最上层,串条穿入其中将各攒斗拱连为一体(图2-57)。带下昂的旋风踩叫"狼牙踩"(图2-58)。将里外拽怀撑端头向中心抹角 45°,尕升也做相应处理,使整攒踩形成菱形平面,立

图2-57　旋风踩做平身科　　　　　　图2-58　永登鲁土司衙门的狼牙踩
　　　（图片来源:史有东）　　　　　　　（图片来源:史有东）

---

① 李江:《明清甘青建筑研究》,天津大学 2007 年硕士学位论文,第63页。

面呈倒四棱锥形①,有旋转之势的称"旋风踩"(图 2-59)。

图 2-59　旋风踩

3.构造做法——以陆楞踩为例

（1）图纸绘制

斗拱图常用 1:100 的比例尺,绘制图纸之前要先制作 60°角的陆楞尺②。第一步,画出十字中线,水平中线即为横拱的位置;接着绘制 2 条与水平中线夹角为 60°的线,此即为 2 条斜膀翅(斜拱)的中线。沿着每根中线向外扩出拱的宽度,完成由 3 根撑子组成的第一层,它们贯穿陆楞踩的每一层,是主撑。第二步,定出拱间距,并不断向外扩,绘出网格。搜架没有明确的比例规定,通常为撑子宽度(d)的 2~2.5 倍(2~2.5d),2d 为一个升子的尺寸,是出跳的最小值;在一些情况下或可略大于 2.5d,如陆楞踩的拱间距即为 3d。第三步,在网格中绘制出其余各层的结构。陆楞踩的第二层为主撑沿与自身平行的方向向两侧出跳 3d,形成的 6 根边撑相交构成一个六角星。每根边撑向外出跳 3d,12 根边撑与 3 根主撑构成第三层。以此类推,每层增加 6 根边撑。第四步,绘制斗和升。陆楞踩的斗为正六边形;升有 2 种:三角形升和"⌂"形升,均为塌塌尕升。陆楞踩结构示意见图 2-60。

---

① 吴晓冬:《张掖大佛寺及山西会馆建筑研究——兼论河西清代建筑特征》,天津大学 2006 年硕士学位论文,第 20 页。

② 陆楞尺制作方法参见本章第二节"四、测量工具"。

图 2-60　陆楞踩结构示意图

（2）榫卯做法

拱上的卡榫称为"襻口"。由于存在斜拱,襻口的种类繁多、形态各异。开襻口的基本规律是:几个撑子相交就开几个襻口。如 2 根撑子相交,则开 2 个襻口,每个襻口深度为撑子高度的 1/2,称为 1/2 襻;3 根撑子相交,则开 3 个襻口,每个襻口深度为撑子高度的 1/3,称为 1/3 襻。以此类推。

陆楞踩各处均为 3 根撑子相交,开 3 个襻口。先制定撑子安装的顺序(顺时针或逆时针),再标出序号。第 1 根撑子上皮开襻口,因需卯合 2 根撑子,所以开 2 个襻口,即 2/3 襻;第 2 根撑子上下皮各开 1 个襻口,即 1/3 襻;第 3 根撑子下皮开 2 个襻口。受安装顺序和撑子角度影响,各襻口呈现出不同形态。

第二层的每根主撑有 3 个襻口(1 个为主撑之间相交的襻口,另外 2 个为与边撑连接的襻口),每根边撑有 2 个襻口。先按照第一层的顺序开 3 根主撑相互卯合的襻口,再开卯合边撑的襻口(2/3 上襻)。开边撑的襻口时,同样需制定安装顺序。边撑通常按组安装,平行于主撑的 2 根边撑为一组。第一组上下皮均开 1/3 襻,第二组有 1 个 2/3 下襻和一个 1/3 上下襻,第三组是 2 个 2/3 下襻。其余各层同理。陆楞踩的襻口做法参见图 2-61。

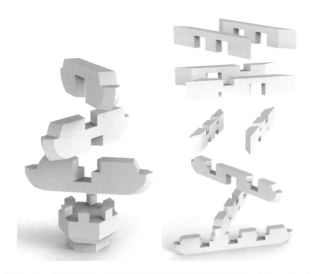

图 2-61　陆楞踩第一层各襻口及第二层各襻口做法（图片来源：杨鹏）

（3）制作模板

为提高效率，施工前要制作每根拱的样板（模板）以便于批量加工。样板（图 2-62）由厚度约 2 厘米的木板制成，长度、高度比为 1:1。拱的两端有收杀，形状酷似古代官靴，称为"靴子头"。制作时先做出一边的靴子头，再拓印至另一边，使左右对称。拱的形状做好后，在其顶面画出榫卯的位置线，侧面画出榫卯的深度线。

施工时先由贴尺使用率尺（图 2-63）绘制墨线①，再由技术较好的

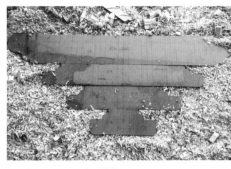

图 2-62　四角踩样板（图片来源：刘才发）

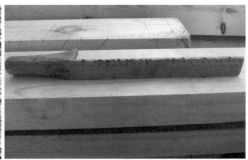

图 2-63　率尺

---

① 率尺的使用方法，参照本章第二节"四、测量工具"。

工匠(过去是专门的开卯匠)负责开卯。开卯时如果左右两边都有墨线(如卯口的位置线),则一边压线(墨线完全锯掉),另一边见线(墨线完整地留下);如果只有一条线(如卯的深度线),则锯掉一半的墨线,称为"留线不见线"。这样做出的榫卯,安装时可以做到严丝合缝。

五、小式建筑的檐下做法

不做斗拱的小式建筑,檐下的承托体系是由苗檩、老檩、插梁、托手、平枋、瓣玛、压条、檐牵、绰木、花牵、花墩等一系列小木构件组成的。这些构件相互连接,形成一套完整的、结构合理的组装方式,不仅解决了建筑结构的稳定性问题,而且与木雕技艺紧密结合,成为重要的装饰构件。

1.释名

白塔寺川传统小式建筑的檐下承托体系中许多构件的叫法与官式名称大相径庭,且前者存在大量特有构件,故将相关名称对照及解释说明列于表2-4中。

表2-4 小式建筑檐下构件的清官式做法名称与白塔营造术语对照表

清官式做法名称	白塔营造术语	解释说明
挑檐檩	苗檩	小式建筑中,苗檩直径大于柱径。
正心檩	老檩	在不施苗檩的小式建筑中,老檩直径大于柱径。
平板枋	平枋	平枋表面常安装一层透雕木板——花板,雕刻具有美好寓意的图案。
额枋	檐牵	—
抱头梁	插梁	白塔木匠常写作"叉梁"。
穿插枋	托手	按位置不同分为平枋托手和斜板托手。
假梁头	隔间墩	与插梁位置相同,起补间作用,每间设偶数组,端部做鹁鸽头。

清官式做法名称	白塔营造术语	解释说明
—	掌手	隔间墩下皮的承托构件,与托手的位置相同,作用相似,起补间作用;按位置不同分为平枋掌手和斜板掌手。
—	绰木	廊檐柱间和檐牵下的装饰花板(处于雀替位置),无结构作用,常做透雕。
—	花牵	檐部雕花的牵,代替横拱起横向拉接作用,也称"花牵板子"。
—	斜板	斜置的花牵板子,用于填补花牵与平枋之间的空当,向地面方向倾斜一定角度,形成较好的视觉效果。
隔架科	花墩	花墩与隔架科的功能相似,但位置不同。花墩是位于檐牵与平枋之间,等距布置,起支撑作用的小木构件,因雕刻成各式花样,故称"花墩"。
—	瓣玛	雕刻有莲花变体纹的枋,位于建筑檐部,截面朝向建筑正面的部分呈圆弧状,形成"扣"在平枋下皮的感觉,具有良好的观赏效果。
—	压条	枋的一种,截面扁平,外观呈条状,故曰"压条"。不雕刻花纹的压条叫"素压条";有雕饰的压条,按纹样不同,分为水纹压条、万字压条、云子压条等。
—	吊垂	托手下皮的装饰构件,常雕刻成石榴形或瓜形。
—	半销	卯合于托手之上,承托花牵。

2.类型及做法

小式建筑的檐下承托系统根据构件的多寡和结构的复杂程度,可分为四种类型,对应四个不同等级:苗檩花牵加斜板、苗檩花牵、平枋悬牵、平枋踏牵(图2-64~图2-67)。其中,苗檩花牵加斜板是小式建筑中最高级的做法,现以其为例进行说明。其他三种类型可视为在其基础上简化而成。

苗檩花牵加斜板,由于在老檩外增加一道苗檩,上檐出跳较大,檐下结构最复杂,层次最丰富,且构件均做精美雕饰,因此是小式建筑中

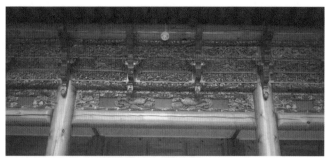

图 2-64　苗檩花牟加斜板

图 2-65　苗檩花牟

图 2-66　平枋悬牟

图 2-67　平枋踏牟

最高级的做法,常用于等级
较低的庙宇和民居。

苗檩花牵加斜板的做
法是:以檐牵横向拉结檐
柱,上施一道压条,其上以
花墩承托压条和瓣玛,瓣玛
上皮与檐柱顶平齐。平枋托
手前端穿插于檐柱柱头上,
后尾插入金柱,以拉结檐柱

图 2-68 斜板托手

与金柱。位于瓣玛上的平枋与平枋托手卯合于檐柱头。平枋托手前端
向外挑出,呈拱形,下皮开勾头卯安装吊垂作为装饰,拱上有一升,担
起斜板托手(图 2-68)。斜板托手的外伸部分做鹁鸽头,后尾亦插入金
柱,两侧开装板槽卯合斜板。插梁拉结于斜板托手上皮,上挖檩碗安置
老檩和苗檩,梁头挑出做鹁鸽头。老檩正对檐柱,苗檩与升对齐,苗檩
下皮拉结一道小瓣玛和一道压条,下施花牵,与斜板相交,将插梁做横
向拉结。花牵下皮有卯合在升上的半销承托。老檩下安装压条和插口
板,每个插梁和隔间墩上有衬墩将老檩托起,衬墩高度根据举架而定。
檐牵下有时安装绰木,二者间以压条过渡。

两柱之间布置两组隔间墩、掌手、斜板掌手及其附属的小木构件,
做补间之用。掌手下皮与平枋下皮平齐,略高于平枋托手下皮。隔间构
件将每开间分成三小间,每小间的花板图案自成一个主题。平枋本身
不做雕饰,在其表面及平枋托手上开装板槽,将雕好的花板安装上去,
以与其他构件形成协调、完整的艺术效果。一些建筑的檐牵也有雕饰,
做法与平枋类似。

檐牵、平枋、压条、瓣玛、花牵等一系列水平拉结构件,加强了水平
方向结构的整体性;插梁、托手、隔间墩、花墩等构件,有效地承担并分
解了垂直方向的压力。这一系列零碎的构件,卯合成一个完整的系统,

增强了建筑的稳定性,使其能够更好地承受由于地基不均匀沉降等因素在建筑内引起的弯曲应力。

压条和瓣玛的反复使用也使建筑构件形成层层叠合的效果,与藏式建筑有异曲同工之妙。藏式建筑中的万字枋、水纹枋、钱枋、月亮枋等各类枋木变成了各式压条,其中的瓣玛枋也被借用。这种结构做法正是汉、藏文化相互交融的结果。

除檩之外,几乎所有构件都进行雕饰。它们不再是单纯的建筑构件,而是以构件为依托的艺术雕刻。每个构件的图案既独立,又与其他构件相关联,共同组成一幅河湟民俗风情画。这些雕刻不仅反映了构件本身的造型特点,而且带有美好的寓意;不仅是屋主情感寄托的载体,也是展示工匠精湛技艺的舞台。

第五节
大木作施工工序

一、构件的组装

1.滚檩子

如上文所说,由于榫卯的加工没法做到极其精确,一些构件的组装需要特殊处理,以使其之间的连接更加紧密,不至于因榫卯之间的缝隙影响到构件的尺寸,檩子的组装即是如此。

檩子之间的连接用大头卯(燕尾榫),制作时先用率尺画出墨线,再根据墨线开卯。由于不同工匠开卯的手法不一样,有的留线多,有的留线少,导致檩子之间的接缝太大,组装后整体变长;因此需要经过"滚檩子"(图2-69)这道工序,使榫卯严丝合缝。

从燕尾榫的上方将檩子套在一起

此时的卯口缝隙较大

在缝隙中打入木楔

打入木楔后

敲击檩子端部以减小缝隙

锯缝子去掉接缝处不平整的部分

再次敲击端部,缩小接缝

将接缝四周推平

"滚"好的檩子

用大木槌将两根檩子分开

图2-69 滚檩子

第一步,套檩子。按照檩子上的编号,找到相对应的一组榫卯。将母卯一端平放,双手抱住公卯一端,从母卯(卯眼)上方套入,在榫卯的接缝处打入木楔加固,再敲击檩子端部以减小缝隙。第二步,两位木工分坐檩子两侧,用锯子锯檩子之间的接缝处,目的是锯掉二者之间不平整的部分;锯好后,用大木槌(也称"榔头")敲击檩子端部,"往里合一下";然后滚动檩子,锯另一侧的接缝,锯好后再次敲击檩子端部,缩小接缝。第三步,用刨子将接缝四周推平,檩子就"滚"好了。最后用大木槌水平敲击母卯,将两根檩子分开,继续"滚"另一端的接头。这样"一个接头一个接头地滚,做好的缝子紧实了,尺寸也合适了"。

2.其他构件的组装

立木之前,构件要先分组安装好。构件之间的连接必须非常紧实,否则就会失之毫厘,谬以千里。从顶端垂直插入柱头的构件,如卯合于柱头的牵(枋)插入柱头后,需要用锤子敲击牵的顶面,使二者连接更加紧实;为了避免对木料造成破坏,敲击时,锤子并不直接落在牵上,而是落在其上方的垫料上,垫料由一位木工师傅手扶固定。

水平插入柱中的构件,如拉结于两柱之间的托手(穿插枋),由于柱子开透卯,用力敲击容易造成破坏,因此主要通过麻绳施力来拉紧柱子,辅以轻敲。具体方法是,用麻绳缠绕在两柱之间,将绞杆插入两股麻绳中,转动绞杆给麻绳上劲,从而拉紧柱子。其他构件的组装方式不外乎这两种(图2-70)。

图2-70　组装构件的两种方式

二、立 木

立木是营造活动的关键环节,危险性较大,一旦失误,会延误工期,造成经济损失,甚至还会导致人员伤亡,因此,立木前木匠会举行"立木仪式"[①]以祈求立木顺利。寺院和家庙立木前,东家也要举行仪式。

据在青海果洛修建了50多年寺院的李良栋掌尺所言,以前立木全靠人工,至少需要60人。一根柱子上拴四根绳子,称"游绳",一批人从一侧将柱子往起顶,另一批人站在对面拽游绳,还有一批人往柱下垫木头,每抬起来一点,木头往上垫一点。掌尺负责指挥,带领大家一起喊号子"哎萨呀"("一、二、三"之意),有节奏地施力。柱子立起来后,将游绳固定在某处,柱子两侧用两根椽子顶住,用麻绳捆绑牢固,称"搭马架"。拉梁(上梁)的时候,人站在柱子和搭好的架子上,把土堆成山状,把梁"滚"上去。刘亨奎掌尺谈到的方法与之类似。两位掌尺在讲到过去用土办法立木的经历时,表情凝重,都表示"相当危险",指挥不好的话柱子很容易倾倒。后来,有了滑轮、滑车等简单的机械设备,立木的难度逐渐降低;现在普遍使用吊车立木。现以兰州市榆中县和平寺为例,简要叙述立木方法及过程(图2-71)。

立木前搭好脚手架,从东梢间的檐部开始立。将角柱、檐柱以及二者之间的檐牵(额枋)组装好,檐牵上"搭红(系一条红绸被面)"。吊车的吊绳绑在柱头与牵的连接处,游绳绑在吊绳下面一点的位置;游绳为粗麻绳,每根柱子上系1根,分成2股。柱子落稳后,解下吊绳,4人分站柱子前后,拽住游绳,分别向前、后施力,形成合力,以使柱子保持平衡。接下来,用同样的方法,立梢间金部的一组柱子,立好后随即安

---

① 参见第六章第一节"三、立木仪式"。

搭脚手架

组装东边第一组柱子和檐牵(额枋)

柱上绑游绳,用吊车立在柱顶石上

立梢间金部的柱子

安装扯牵(山面额枋)

安装托手(随梁枋)

安装随梁

立当心间檐柱

图2-71　兰州市榆中县和平寺的立木过程

安装次间檐牵(额枋)

安装明间金牵(金枋)

安装次间金牵及明间随梁

立西梢间和次间的柱子

从东边开始安装大梁(五架梁)

安装随梁间的小墩牵(下金枋)

安装脊柱及随檩(脊枋)

安装脊檩、小墩檩(下金檩)、插口板

图2-71 兰州市榆中县和平寺的立木过程(续)

装扯牵(山面额枋),将檐部与金部拉结为一个整体。为使二者联系更加紧密,用麻绳套住角柱与山面檐柱的柱头,用绞杆给麻绳上劲,同时,下面的人用力将檐柱柱身向后拉。接下来,安装檐柱与金柱之间的托手(随梁枋)。这时梢间的檐部已有纵横两个方向的拉结,较为稳定;游绳不再需要人拉,需固定于后墙上,以防万一。随后安装的是金柱与后山墙之间的随梁。至此,梢间的木构架搭建告一段落。

接下来立的是明间的一组檐柱:先立当心间檐柱,后安装次间檐牵,次间檐部自然形成。明间的金柱立好后,安装明间和次间的金牵(金枋)等,将各金柱拉结起来。最后按同样的顺序和方法搭建西梢间和西次间。檐牵、托手、随梁、金牵使屋架连成一个整体,第一层木结构搭建完成。从下午4点开始立木,历时4小时,夜幕降临,收工。

第二日清晨7点,立木继续进行。开始上梁。第一组是大梁(五架梁)、梁背上的娃娃柱(瓜柱)和拉结于柱头的随梁。从东边开始,依次上梁,梢间的梁安装好后,随即安装小墩牵(下金枋)进行横向拉结。最后一组大梁安装好后,开始安装第三层梁架——二架梁(三架梁)以及脊柱(脊瓜柱)。为节省时间,提高效率,此时,从最西边开始搭建。每安装两组,即用随檩(脊枋)拉结。为防止脊柱栽倒,在它与二架梁(三架梁)之间钉一根木枋,形成稳定的三角形结构,安椽子时拆卸掉此木枋。随后依次安装脊檩、小墩檩(下金檩)、金檩及插口板(垫板)。正中间的脊檩暂不安装,等待上梁日,举行隆重的上梁仪式。上午11点,大架(大木结构)基本完成。之后的几天,安装好平枋(平板枋)、踩(斗拱)、压条、花牵、花墩、椽子等构件后,覆盖望板,钉上飞椽,大木作施工工序就完成了。

第六节
特殊的大木结构

白塔木匠为满足不同地区、不同民族对不同类型建筑空间的需求，设计出二鬼挑担、无柱无梁殿、阴阳二十八角式、凤凰展翅、蝴蝶坊等多种特色鲜明的大木结构。它们的结构性与装饰性完美统一，是技术与艺术的结合，是白塔木匠营造智慧的集中体现。它们不仅是永靖古建筑修复技艺的名片，也是建筑史上的奇葩。

一、二鬼挑担结构

二鬼挑担结构是永靖古建筑修复技艺中一类非常独特的大木结构，是为了应对大跨度的空间需求，通过悬挑垂花柱的方式以达到"减柱移柱"目的的手法。白塔木匠非常擅长运用二鬼挑担结构解决空间问题，不同的空间需求、不同的结构、不同的部位，有不同的应对手法，灵活多变，运用于室内结构中可达到减柱的目的，在檐部使用可达到事半功倍的装饰效果。二鬼挑担结构是永靖古建筑修复技艺的杰出代表。

用于挑出垂花柱的构件称"担子"，相当于悬臂梁；其两端各悬挑一个垂花柱，垂花柱因"悬"在半空中而称"鬼柱"。"二鬼挑担"之名既形象又神秘。挑出一根担子的称"一担式"，挑出多根担子的称"多担式"。担子根据交叉产生的形状，又分"十字担""米字担"，"十字担"是上下两层担子交叉成"十"字形，"米字担"为上中下三层担子交叉成"米"字形。

现以永靖县刘塬村的普音寺山门(图2-72)为例,对二鬼挑担结构进行说明。该山门采用"十字担"将檐柱外移,并在檐柱前后挑出4根悬柱承托檐部梁枋,使屋顶加大,产生了非常独特的视觉效果。

图2-72 二鬼挑四担结构的普音寺山门及细部

山门面阔一开间,进深二开间,属于"分心槽"式,但因采用了二鬼挑担结构,使前后檐柱向两侧平移,前后檐廊更加开阔,而且使山门正面视觉上产生了三开间的效果。二鬼挑担结构的具体做法为:檐柱柱头下约30厘米处沿45°方向开上下两个相互交叉呈"十"字形的透卯(透榫)并分别插入担子,即"十字担",担子两头各插入一根悬柱(垂花柱)。4根悬柱中,2根位于外檐口,1根位于山面,还有1根位于檐口内;位于外檐口的悬柱柱径大于其他两根。檐口有悬柱,柱头承托平枋(平板枋),平枋十字相交置于四角的悬柱柱头之上,斗拱置于平枋上,支撑起屋面;平枋下面依次为拉结于悬柱之间的瓣玛、压条、花墩、压条、檐牵以及绰木,做法与其他建筑无异①。位于檐口内部的4根悬柱,柱头开勾头卯,挂于斜梁(抹角梁)下皮中心,因此,可以根据斜梁的位置计算担子的长度。斜插梁(角科挑尖梁)穿过此悬柱的柱头,插入翼角悬柱②。檐柱柱头一直延伸至斜插梁下皮,由于斜插梁下皮较窄,檐

---

① 参见本章第四节"五、小式建筑的檐下做法"。

② 参见本章第四节"一、翼角做法"。

柱柱头雕刻成象头状,象鼻向上卷起顶住斜插梁下皮,弯曲的象牙钩入斗拱之中,足见设计者的巧思。

本应由檐柱承担的屋顶重量被担子分解到各个悬柱之上,翼角重量又通过斜插梁传递到檐柱。虽然檐柱柱头的受力点很小,但是在结构中起到了至关重要的作用,很好地诠释了"立木顶千斤",反映了木匠对力学结构的朴素理解。外挑的悬柱使屋顶与屋身的比例增大,建筑显得更加舒展、大气、美观。悬柱底部雕刻石榴、金瓜等各式造型,成为外檐极好的装饰。

二、其他特殊结构

1.无柱无梁殿

无柱无梁殿(图 2-73)并非真的没有柱和梁,而是只有一圈檐柱,室内没有柱子和大的直梁,通过抹角梁(斜梁)逐层内收,架起屋面;常用于清真寺礼拜殿的后窑殿,营造出开阔、自由的礼拜空间。

图 2-73　张尕清真寺的无柱无梁殿(图片来源:史有东)

2.蝴蝶坊

蝴蝶坊是一种牌坊门的结构(图2-74)，两个等腰三角形平面的次间围合成一个矩形平面的当心间，次间的三角攒尖顶和当心间的歇山顶的组合形似张开翅膀的蝴蝶，因而得名。蝴蝶坊虽然结构简单，但是外形灵巧、舒展、大气，反映出白塔木匠非凡的设计能力。这种牌坊门在临夏地区非常受欢迎。

图2-74　临夏红园与老拱北牌坊门

3.凤凰展翅

凤凰展翅(图2-75)是一种仅前檐起翘，后檐没有翼角的独特建筑形式，因室内部分在前檐廊基础上左右各收进一间而形成。室内部分向内收敛，采用硬山顶，而前廊起翼角，向外延伸，像展翼的凤凰，因而得名。凤凰展翅，最常见的是檐廊五开间、室内三开间的平面布局，称"明五暗三"，此外还有"明三暗一""明七暗五"。这一建筑形式通常用于背靠山崖建造，后檐不便生出翼角的建筑，是场地空间局促时的一种选择。延展的前檐廊使得建筑正面看似歇山顶，在视觉上增加了建筑的面阔和开间，是寺庙建筑建设资金不足，又要凸显庄严气派情况下的一种巧妙做法。此外，这种"凸"字形的布局与清真寺礼拜殿带后窑殿的布局相似,或是不同民族之间相互学习的结果。

图2-75 凤凰展翅

4.阴阳二十八角式

阴阳二十八角式是藏式建筑的一种平面布局形式。第一进面阔三开间,第二进左右各增加一开间,变为五开间,依此类推,每进增加两开间直至第四进;从第五进开始,每增加一进,左右两边各减少一开间,直至第七进,还原为面阔三开间,形成"十"字形的对称平面,室内采用满堂柱。每一进梢间面阔方向的两角称为"阳角",前后两进之间的夹角称为"阴角",共14个阴角,14个阳角,故称"阴阳二十八角"。阴阳二十八角式的平面示意图见图2-76,其建筑实物见图2-77。

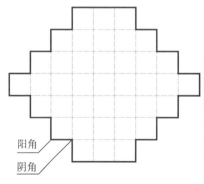

图2-76 阴阳二十八角式平面示意图　　图2-77 青海省尖扎县的阴阳二十八角式建筑

（图片来源:刘才发）

第三章
小木作营造技艺

永靖古建筑修复技艺中的小木作主要包括门窗、栏杆、绰木、天花等。

门主要有板门和隔扇门两种,建筑的大门常用板门(图 3-1),建筑内部的门常用隔扇门。板门的构造简单,有用木料做框,中间安装整块木板和以 10 厘米左右宽度的木板拼接成门板两种做法。前者常用于寺院建筑,后者常用于民居。隔扇门的构造与官式的无异,主要由隔心、绦环板、裙板三部分组成。窗一般为隔扇窗(图 3-2),有下槛坐在槛墙和木板上两种做法。在一些建筑中,也有板门和隔扇窗的组合,形成虚实相间的效果。还有一种漏窗(图 3-3),常用于邦克楼、拱北等塔楼式建筑,由外框和隔心两部分组成,以六角形和圆形居多。门窗以精巧华丽、丰富多彩的隔心为主要特色,隔心有数十种样式,上百种变化。

图3-1 板门

栏杆(图 3-4)常出现在楼阁建筑中,起安全防护作用,其主要由中柱、花格栏板、寻杖组成,有两侧施抱柱和不施抱柱两种做法。其中大面积的花格栏板是亮点,做法、样式与门窗隔心相同。刘致平在《中国

图3-2　隔扇窗

图3-3　漏窗

图3-4　栏杆

伊斯兰教建筑》一书中多次指出西北地区伊斯兰教建筑的小木作窗棂制作精美,隔心彼此不同,并特别提到青海洪水泉清真寺邦克楼的六角形网状窗棂,大殿的槅门雕刻等,全是难得之物;兰州桥门寺的槅门、栏杆全是我国小木作中难得的精品①。

　　绰木为廊檐柱间和檐牵下的装饰花板,位置与雀替相同,有不通口的(图 3-5)和通口的(图 3-6)两种,通口的绰木又有"一"字形和"𠃌"形两种。绰木因无结构作用,常做透雕,与檐部雕饰满密的木构件共同构成建筑的外檐装饰。

---

① 书中提到的"西北地区伊斯兰教建筑",大多为白塔木匠所建,其中洪水泉清真寺相传为陈来成掌尺所建。

图3-5　不通口的绰木

图3-6　通口的绰木

　　对于天花而言,汉式建筑常采用彻上明造,很少做天花;藏式建筑常做平棊(图3-7),上施彩画,做法无特殊之处。值得一提的是,回式建筑中有一种名为"天罗伞"的特殊藻井,结构精巧,极富装饰性,因造型像一把悬浮在天花上的巨伞而得名,常用于清真寺礼拜殿的圣龛之前,是小木作的杰出代表,但由于结构复杂,制作成本高,近世纪以来天罗伞做得越来越少,技艺几近失传。目前已知的天罗伞实物遗存仅有三处,都位于青海,分别是平安县洪水泉清真寺①(图3-8)、尖扎县康家清真寺和贵德县河阴清真寺(又名贵德清真寺)(图3-9)。

图3-7　平棊

---

① 路秉杰在《中国伊斯兰教建筑》一书中这样描述洪水泉清真寺后窑殿的天罗伞:"中央悬吊一个特制的八角三层三十二肋的华盖式藻井",并说这是"他处所不见的艺术精品"。路秉杰,张广林:《中国伊斯兰教建筑》,上海三联书店2005年版,第139页。

图3-8　洪水泉清真寺天罗伞
（图片来源：史有东）

图3-9　河阴清真寺天罗伞

　　基于小木作的以上特点，本文将着重对门窗隔心、建筑木雕及天罗伞藻井这三类最具代表性和地方特色的小木作技艺进行介绍。

第一节
门　窗　隔　心

　　虽然白塔匠系门窗隔心的样式繁多，但随着计费方式的改变（由按工时计费改为按件计费），许多复杂的样式如今已做得越来越少；同时，人们的建筑审美水平逐渐提高，一些过于简单的样式也已很少出现。目前常做的仅剩十余种，许多老建筑上的精美隔心样式甚至连名称都无人知晓。因此，尽可能多地对隔心样式进行收集以使它们不至失传，成为研究工作的一项重要内容。

一、各类隔心样式

1.八棱隔心

八棱隔心(图 3-10)因做法简单、形式美观,成为最受欢迎的一种隔心样式。八棱隔心有单个八边形、两个八边形、八边形加四边形及嵌套式八边形等多种组合形式。

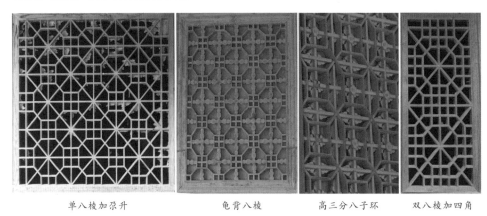

单八棱加尕升　　　　龟背八棱　　　　高三分八子环　　　　双八棱加四角

图3-10　八棱隔心

2.满天星隔心

满天星隔心(图 3-11)采用方格纹,有多种变化形式,如旋转 45° 的,去掉若干棂条形成疏密对比的,方格内用榫卯填充花叶木雕的,以及棂条本身也雕刻成花叶造型的,等等。

满天星　　　　拉长的满天星　　　　满天星加十字

图3-11　满天星隔心

3.圆形隔心

圆形隔心是通过富有造型感的棂条（波浪形或雕花）在视觉上形成以圆形为母题的隔心样式，目前发现的有六盘云、绣球纹、荷包花三种（图3-12）。圆形隔心造型巧妙，给人以圆满、华丽之感，装饰性极强，制作也非常复杂，以上三种皆为孤例。

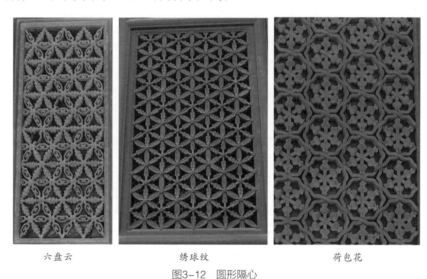

六盘云　　　　　　　　　　绣球纹　　　　　　　　　　荷包花

图3-12　圆形隔心

4.六边形隔心

目前发现的六边形隔心有两种，一种由六边形网格与雕花棂条相互嵌套、交织组成，雕刻成梅花的棂条在六边形中穿进穿出，既齐整、规律，又令人眼花缭乱（图3-13）；另一种由三个六边形层层嵌套组成，大小六边形与纵横交错的棂条编织成放射状六边形网格，随着观察点的移动，透视变化，棂条图案也呈现出不同的形态，令人赞叹。

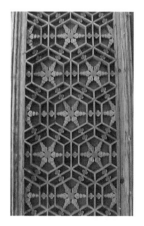

图3-13　六角穿尖梅

5.锦子纹隔心

锦子纹隔心中,横竖棂条交错,编织成织锦状。此种隔心亦有多种变化(图 3-14)。

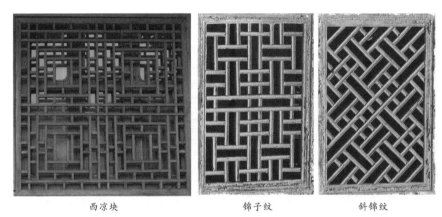

西凉块　　　　　　　　　锦子纹　　　　　　　　　斜锦纹

图3-14　锦子纹隔心

| 二、隔 心 做 法 |

现以单八棱为例,对隔心做法进行简要说明。

制作隔心之前,工匠通常根据门窗的尺寸进行计算,并画出图样。图样的绘制需要网格辅助;不同图样,网格不同。单八棱加尕升的辅助网格有两种,一种是等分网格,即将正方形网格沿水平、垂直方向各6等分,以中间的四格为边线画八边形,剩余部分自动形成尕升。另一种是用"四六分八方"的方法做正八边形的网格。根据木匠经验,将正方形网格10等分,分4格,两边格子各占3分,中间2个格子各占2分,即可画出正八边形。因此,这种网格的排列方式为:3,2,2,3,2,2,3……

通过对比可以发现,第一种网格做出的八边形直边略长,显得更为方正、大气,与小四边形在造型上达到和谐,在大小上形成强烈对比,因此,常用于做单八棱加正尕升;第二种网格做出的八边形显得更为小巧、灵动,与斜尕升的搭配更为协调,因此,常用于做单八棱加斜尕升。这种细微的差别与变化,足见白塔木匠的匠心,他们能设计出花样繁多、美轮美奂的隔心样式也就不足为奇了。

制作时,通常先将贯穿整个隔心的骨架做好,再安装装饰部分。单八棱加尕升的骨架由横、竖以及 2 根 45°方向的棂条组成。棂条之间的连接方式与斗拱各拱之间的连接方式相似,2 根棂条相交开 2 个襻口,3 根棂条相交开 3 个襻口。骨架上留出安装八棱与尕升的襻口,开口原则是,若八边形(或四边形)的一条边开上襻口,则相邻的另一条边开下襻口,这样上下卯合更加牢固。

八边形各边以及八边形与四边形棂条的连接需要做出合角,有边与边连接、边与角连接两种。边与边的连接根据形成的角度,交口各开一半,称"斜口",如四边形的两根垂直相交的棂条,交口处各做成 45°斜角;边与角的连接则根据角的角度,开相应的交口与其咬合,称"枣核穿尖",如八边形的斜边与四边形的直角连接,斜边的交口切出一个直角以咬合四边形。交口之间通常用胶进行黏合,使其更加牢固。

三、隔心营造技艺在现代的变化

由于门窗的制作不是营造技艺的核心,因此在传承中往往不受重视。在以上所有传统隔心样式中,单八棱加尕升、双八棱加四角、满天星加单八棱是目前最常使用的,其他样式由于过于复杂,几近失传。现在白塔木匠常常随意发挥,"怎么好看怎么做"。近年来,临夏地区兴起了一种雕花板式隔心,样式与灯笼锦(图 3-15)相似,中心用矩形木框框出一个透雕的主体图案,四周点缀如意云头、蝙蝠、卷草等纹样。这种隔心只需要掌握木雕技艺即可制作,不用学习烦琐的隔心样式做法,而且图案较大,制作起来不费工,最重要的是显得大气、富贵,很出效果,因此在临夏地区广受欢迎。

图3-15　灯笼锦隔心样式

第二节
藻井——天罗伞

　　天罗伞在基本结构的基础上有许多细微的变化,本文以青海河阴清真寺礼拜殿的天罗伞为例进行说明①。

　　河阴清真寺的礼拜殿为"明五暗三"结构:外观面阔 5 间,进深 4 间,内部采用"减柱移柱"的手法,减去前后金柱各 4 根以及中柱

---

① 天罗伞的内部结构和营造技巧通过曾负责修缮河阴清真寺天罗伞的刘才发掌尺的现场讲解了解。

4 根,变成"暗三间";为使中明间更加宽敞,又将仅剩的 4 根金柱(柱径较檐柱略大)向次间平移,形成开阔、疏朗的内部空间(图3-16)。屋顶从檐部向中心微微拱起,称为"磨坊脊"(可看作坡度极缓的卷棚顶),位于中明间的天罗伞有一根长达 5 米的雷公柱,在屋面中心处形成高耸的盔顶,盔顶顶部安装新月架。

图3-16　河阴清真寺内部空间

　　天罗伞的主体结构为正八边形。白塔木匠有口诀"要做八角形,一寸取三分",即将正方形各边长 3 等分,各 3 等分点顺序相连,即可形成八角形,这种做法存在较大误差;还有一种将正方形旋转 45°的做法,最为准确①。天罗伞第一层结构的做法是,先在 4 根中柱承托的 4 根 6 米长的梁枋上, 做向内收 60 厘米的正方形（用于在其下皮安装悬柱),然后用旋转 45°的方法搭接斜梁,形成正八边形。第二层是在每根斜梁中部立 2 根高 60 厘米的瓜柱,柱头承托 4 根高 60 厘米的直梁枋。用与制作第一层结构相同的方法在直梁枋上再做出一个八边形框架,

---

① 两个相互重叠的正方形,将其中一个旋转 45°,二者相重叠处即为一个正八边形。

此即为第三层。第三层的八边形由截面为正方形的枋木组成,枋木高
30厘米,每根枋木的上皮拉结一道椽花,椽花开3个襻口,除相邻两椽
花相卯合外,上面的椽花还卯合1根斜椽,斜椽的另一头插入八边形
雷公柱,每根椽花上等距安装5根直径略小的椽子,亦插入雷公柱,
8根大斜椽与40根小斜椽将雷公柱顶起来,这便是第四层。至此,天罗
伞隐藏在天花板以内的主体结构完成,接下来是露明的装饰部分。天
罗伞的结构示意图见图3-17。

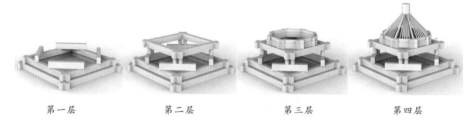

第一层　　　　　　第二层　　　　　　第三层　　　　　　第四层

图3-17　河阴清真寺天罗伞的结构示意图

　　第三层的八边形枋木开透榫,挂悬柱(垂花柱),即两根枋木卯合
处开长、宽均为6厘米的透榫,卯合悬柱,并在枋木下皮用木销固定。
悬柱上安装两层斗拱,但斗拱在这里并不承重,只起装饰作用。第一层
斗拱通常采用较为舒展的粽子踩,便于内外之间更好地衔接与过渡;
第二层斗拱可以是粽子踩,也可以是其他装饰性强的斗拱。此处的两
层斗拱均为粽子踩。

　　第一层斗拱的柱头科没有坐斗,在悬柱四周开卯,将拱一根根、一
层层插入其中进行固定,使斗拱看上去像坐于悬柱柱头之上,斗用胶
和钉子固定在拱上,上下拱之间也用胶和钉子固定。距离柱头科斗拱
下皮约一个坐斗的高度有一道扎牵拉结于悬柱之间,扎牵上皮正中心
承托一坐斗,上置平身科。第一层斗拱完成后,上置一道檩,安坐斗,放
置第二层斗拱。第二层斗拱的尺寸比第一层小,呈现出内收之势。第二
层斗拱上同样置一圈相互卯合的檩条,上安三角形斜板,插入雷公柱,
并在檩条表面粘贴类似雨伞骨架的木条。雷公柱露明的部分削细,端

部做垂花造型,垂花的上端插入细木条,与斜板上的木条相交,形成一把张开的雨伞造型。

扯牵在这里模仿了建筑的平枋(平板枋),下皮等距开两个勾头卯悬挂小悬柱,其柱径约为大悬柱的一半,比之短一个悬柱柱头的尺寸。在悬柱柱头略靠上的部位还拉结一道小扯牵,以模仿建筑的檐牵(额枋),上置花墩、花板,下做绰木,均为模仿建筑檐部的做法。最后沿第一层斗拱的外轮廓安装天花板,天罗伞的核心部分就完成了。另外,天罗伞的最外层还有3层悬柱,安装在第一层结构的4根直梁下皮处。直梁下皮开勾头卯悬挂第一层悬柱,除四角外,每面6根,悬柱柱头间有小扯牵和花板拉结。第一层悬柱的中部开透卯,用木销将第二层悬柱固定在其外皮,木销伸出柱子的部分做鹁鸽头;第三层悬柱固定在第二层悬柱上,形成四周错落有致的三层悬柱。天罗伞细部参见图3-18。

图3-18　河阴清真寺天罗伞细部

除中间的雷公柱外,河阴清真寺的天罗伞一共有108根悬柱,回族同胞认为它们代表了佛教的108颗念珠。他们还认为,"天罗伞"此名也不仅仅是因为其外观形似一把雨伞,而是借用了佛教法器——天

罗伞之名①,一把保护伞位于礼拜大殿的天花板上,具有佛祖保佑的意思。回族同胞的这种理解,体现了宗教文化、民族文化的融合。

第三节
建 筑 雕 刻

白塔古建的雕刻主要集中在檐部,这里是建筑最醒目的部位,对其进行装饰可以达到事半功倍的效果。白塔木匠对檐部除了檩和檐牵(额枋)外,几乎所有外露的构件都进行雕饰。构件的纹饰既各自独立,又与其他构件相关联。它们不仅反映了构件本身造型的特点,而且带有美好寓意;不仅是建筑文化、风俗民情的体现,也是展示工匠精湛技艺的舞台。

一、艺 术 特 征

1.多民族融合性

由于技艺的发源地处于汉、回、藏、东乡、撒拉、保安、土等多个民族的聚居地②,在民族交往的过程中,白塔木匠不断吸收各民族建筑文化的养分,建筑雕刻呈现出多民族融合的艺术特征。

---

① 佛教四大天王中的北方多闻天王的法器是一把宝伞;道教传说故事中的法器——玲珑塔内有7件举世无双的法宝,其中一件名为"天罗伞"。"天罗伞"之名出自哪里,仍然是一个谜团。
② 参见第一章第二节"自然与人文环境对技艺的影响"。

白塔寺川传统建筑木雕的类型可分为汉式、藏式、回式三大类。汉式木雕主要反映民间世俗文化以及儒、道文化，以带有吉祥寓意的花卉、植物居多，其次是鸟兽，还有一定比例的器物；藏式木雕以藏传佛教故事中的动物居多，行话叫"出相活"，圣物、法器也占有很大比例；回式木雕纹样一般为植物、文字及几何纹。

白塔木匠一方面在潜移默化中吸收了各民族优秀的建筑文化，另一方面在营造过程中起到了文化传播的作用。这一点突出地反映在民居的木雕装饰上。河湟地区的民居，除因民族信仰差异而在纹饰类型的选择上略有不同外，差异性很小，参见图3-19。此外，一些带有鲜明民族符号的木雕纹饰，也常常出现在其他民族的宗教建筑中。例如青海洪水泉清真寺的檐下雕刻（图3-20），既有汉族民间文化中的"四君子"、如意纹、寿字纹，又有藏族建筑标志性的盘长纹和蜂窝枋，还有回族建筑常使用的几何图案，三种建筑文化在这里完美地融为一体，给人一种浑然天成的感觉。

汉族民居

藏族民居

回族民居

图3-19　汉、藏、回三个民族民居的檐下雕刻（图片来源：史有东）

图3-20　青海洪水泉清真寺的檐下雕刻

(图片来源:史有东。第一排从左至右依次为盘长、宝瓶、寿字、如意、寿字,第二排从左至右
依次为芭蕉叶、毛笔、阴阳板、棋盘、宝刀,第三排为蜂窝枋,第四排分别为兰花、梅花)

2.风格质朴、粗犷

　　与其他地区的建筑木雕相比,白塔匠系的建筑木雕(图 3-21)不追求丰富的层次结构和工笔画般的细腻刻画,更多地追求形的灵动和神的相似,呈现出造型洗练粗犷、刀法潇洒明快、风格质朴率真的特征。这一方面与木雕的材料特性有关,另一方面与西北人粗豪的性情密不可分。

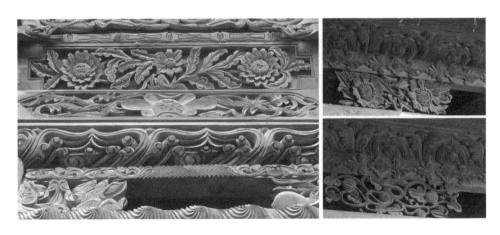

图3-21　白塔匠系的建筑木雕

首先,白塔匠系所用的建筑材料多为松木,质地较软,且西北高原气候干燥、寒冷,木材的含水率较低,木纤维容易断裂,不适合进行结构复杂、形式细密的雕刻。因此,木雕纹样以大块面的动物纹、植物纹和几何纹为主,甚少出现其他匠系建筑木雕中常见的山水和人物故事题材。其次,木雕的板材相对较薄,通常只有三四厘米,若雕刻层次较多,容易破坏材料的承载力,因而白塔木匠不刻意追求木雕层次结构的丰富;与之相较,南方地区的许多派系善用多层透雕的手法,追求在方寸之间表现人间百态,建筑木雕常出现具有 5~7 层雕饰,空间感很强的图案①。最后,游牧文化与农耕文化的重叠与碰撞,造就了白塔木匠的性格中既有游牧民族的豪爽,又有农耕民族的朴实,建筑木雕的这种"大写意"式的表现手法,正是他们真实性情的流露,这种表现手法同样符合与他们同属一个文化圈的河湟百姓的审美。

3.极具创造力

创新精神是白塔木匠千百年来一直保持的重要品格;特殊的地理位置,又为他们摆脱官式做法的约束,自由地创意提供了舞台。除梅兰竹菊、琴棋书画、龙凤狮子之类祖祖辈辈传承下来的木雕纹饰以外,他们常常结合现实生活尽情地发挥艺术想象力,施展聪明才智。例如民国时期的著名掌尺胥德辉,别出心裁地采用圆雕的手法,在红园牌坊的当心间斗拱上雕刻了孙悟空的形象(图3-22)。孙悟空头戴僧帽,脚踩厚底靴,腰系虎皮裙,身后背着金箍棒,手搭凉棚,站在筋斗云上向

---

① 徽州、潮汕以及湘南地区建筑木雕的层次感与空间感都非常强。例如,徽州承志堂的斜撑,透雕层次有六七层;潮汕木雕一般有 5~7 层空间;湘南民居常综合运用镂雕、浮雕与圆雕的手法,增加空间深度,形成丰满、多层次、近似圆雕效果的木雕装饰。陈改花:《清后期徽州木雕艺术的装饰性特征——以宏村承志堂为例》,《装饰》2013 年第 12 期,第 142 页。郭艺:《工尽其巧在于良——关于浙、闽、粤三地木雕技艺的访谈》,《美术观察》2009 年第 8 期,第 96 页。范迎春:《湘南民居的建筑装饰木雕艺术初探》,《艺术与设计(理论)》2008 年第 9 期,第 116 页。

下瞭望,表情惟妙惟肖;两腿一条直立,一条弯曲,筋斗云缠绕腿边,仿佛刚驾着筋斗云升到半空中。这件木雕作品曾轰动一时,引得众人竞相模仿。曾经的流行,如今已成经典。

图3-22　红园牌坊上雕刻的孙悟空

这样的例子不胜枚举。笔者在永靖县永光寺的檐下雕刻上不仅看到了大熊猫这一在传统建筑木雕中很少出现的动物形象,还看到了飞马、独角兽等工匠发挥艺术想象力创作出的神兽。更精彩的是,在大雄宝殿梢间的平枋(平板枋)上,竟然雕刻了两只栩栩如生的恐龙(图3-23)。笔者从负责修建永光寺的高永发掌尺处了解到,修建寺庙那年,永靖县发现了恐龙化石,在社会上引起了巨大的轰动,工匠便别出心

图3-23　永光寺平枋(平板枋)上的恐龙雕刻

裁地把这一历史时刻记录在建筑上。恐龙的形象出现在传统的宗教建筑上,这在国内恐怕是独一无二的。白塔木匠运用传统的雕刻手法和表现形式表现的新主题,既与其他的木雕装饰协调统一,又独具特色,其创新能力可见一斑①。

4.文化内涵丰富

与所有的传统纹样相同,白塔寺川传统建筑木雕的图案也遵循着"有图必有意,有意必吉祥"的规律,每一个构件自成主题。工匠通过巧妙的设计,使纹饰既满足人们的审美需求和精神需求,又能够反映构件本身的特征。由于融合了各民族建筑文化,白塔寺川传统建筑木雕的装饰题材非常丰富,按不同的文化属性,可以分为民俗文化、藏传佛教文化、儒家文化、道教文化、民间文学以及世俗生活等。这六大类题材几乎涵盖了中国传统文化的方方面面,可以说白塔寺川传统建筑木雕纹样是一部中国传统文化的"百科全书"。

| 二、装饰题材与文化内涵 |

1.民俗文化题材

民俗文化题材是民间吉祥文化的体现。此类题材在木雕纹饰中所占比重最大,主要以象征的手法赋予图案一定的吉祥寓意或利用物象的谐音寄托人们求吉纳祥、多子多寿、求财求富的美好愿望。此类题材的表现内容主要有:瑞兽,包括蝙蝠、狮子、仙鹤、鹿、龙、凤、大象、锦鸡、喜鹊等;植物,例如松、梅、兰、竹、菊、牡丹、荷花、葡萄、石榴等;器物,

---

① 除此之外,据胥恒通掌尺介绍,在兰州白塔山的一组已拆毁的古建筑群上有谷子、麦穗、南瓜、玉米等众多农作物木雕纹饰。在食不果腹的年代,工匠将对富足生活的憧憬全部寄托于建筑上。

有花瓶、寿石、如意、琴、棋、毛笔等。每幅图案中不同内容的组合表达不同
的吉祥寓意,例如,寄托福寿康宁愿望的"松鹤鹿""五蝠闹云""双蝠捧寿",
祈求子孙成才的"麒麟吐书""鲤鱼跃龙门",象征着高贵富有的"凤穿牡丹"
"丹凤朝阳""孔雀戏牡丹",表达顺天乐事愿望的"喜鹊登梅""白菜卷如意"
"桃榴柿手"①,以及祛灾祈福的"狮子滚绣球"等。这些纹饰常出现在花牵
板子和绰木上。此外,常用于制作花墩的白菜(百财)、大象(吉祥),以及寺
庙绰木常用的悬雕"穿云龙"也属于此类题材(图3-24)。

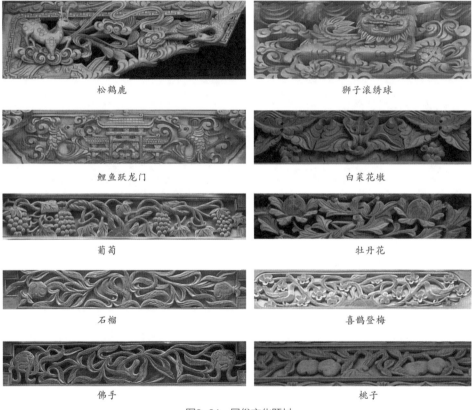

松鹤鹿	狮子滚绣球
鲤鱼跃龙门	白菜花墩
葡萄	牡丹花
石榴	喜鹊登梅
佛手	桃子

图3-24　民俗文化题材

---

① "桃榴柿手"指桃子、石榴、柿子、佛手,是四种带有吉祥寓意的水果。

2.藏传佛教文化题材

藏传佛教文化题材可分为两种类型,一种脱胎于佛教故事,以瑞兽为主,如"双鹿转法轮"①"大鹏雕啄蛇"②等(图 3-25);另一类是法器,如"藏八宝"③(图 3-26)、"七政宝"④等。佛教题材反映了百姓的宗教信

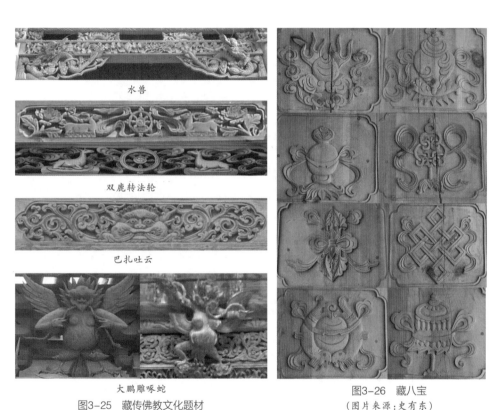

水兽

双鹿转法轮

巴扎吐云

大鹏雕啄蛇

图3-25　藏传佛教文化题材

图3-26　藏八宝

(图片来源:史有东)

---

① "双鹿转法轮"一般雕于花牵板上,既可用于民居,也可用于寺庙,题材是释迦牟尼"初说法"的故事。相传释迦牟尼成佛后第一次讲经说法在"鹿野苑","跪伏的两只小鹿代表着初说法的地点与事件"。李雯雯:《中印"初说法"图像研究》,华东师范大学 2017 年博士学位论文,第 221 页。

② "大鹏雕啄蛇"一般用于寺庙当心间的檐部,有辟邪保平安之意。

③ 藏八宝:妙莲、宝瓶、金鱼、吉祥结、胜利幢、右旋白螺、宝伞、金轮。

④ 七政宝:轮宝、君宝、臣宝、象宝、马宝、摩尼宝、后宝。

仰,表达了他们镇宅避凶、驱邪禳灾的愿望。"大鹏雕啄蛇"常用于圆雕挂件上,安装在佛教寺院大殿的当心间正中两攒斗拱之间,或活佛宅邸的大门门楣正中,一般不用于民居;其余纹饰常雕于花板上,民居、寺院均可使用。

此外,还有两种瑞兽纹饰出现的频率极高,一种是"水兽",与龙酷似,但嘴巴较长,身体较短,尾部可以喷云;另一种是"巴扎",常常只出现一只脑袋,口中吐云,双手抓着从口中吐出的云,故曰"巴扎头"或"巴扎吐云"。"巴扎头"通常用于大门正中的花板上,起震慑之用,"水兽"的使用则更灵活。瓣玛枋和蜂窝枋也是受佛教文化影响产生的。

3.儒家文化题材

儒家文化题材主要是体现了儒家"君子比德"观①的"岁寒三友""四君子"等,此类植物纹饰图案可简可繁,使用范围非常广,如花板(图3-27)、花墩、绰木、槅门的裙板等,梅花图案还常用于制作压条和门窗隔心。

图3-27　梅兰竹菊花板

---

① 程杰:《"岁寒三友"缘起考》,《古建园林技术》2010年第4期,第12页。

4.道教文化题材

道教文化题材主要包括道教文化中八仙的法器图案——宝剑、芭蕉扇、横笛、玉板、渔鼓、花篮、荷花、葫芦（图3-28），与"藏八宝"对应，称为"汉八宝"。"汉八宝"暗指八仙，常用于花板和裙板的装饰，有祈求神仙降福之意，反映出本土宗教文化对工匠的深远影响。

图3-28　暗八仙花板

5.民间文学题材

民间文学题材有《西游记》故事和脱胎于《封神演义》的"乃力吐宝"（图 3-29）等。此类题材一般雕于花板上，既可用于民居，也可用于寺庙。"乃力"即花狐貂，在《封神演义》中是佳梦关四将之一——魔礼寿饲养的神兽。故事流传到河湟地区，花狐貂被称为"乃力"，可以口吐珠宝，此纹饰有驱邪禳灾、财运亨通之意。

图3-29　乃力吐宝花板（图片来源：史有东）

6.世俗生活题材

再现世俗生活的题材(图3-30),如前文所述的恐龙、大熊猫等,反映了工匠对现实生活的关注和以现实生活为源泉进行艺术创作的能力。此外,琴棋书画及博古架等代表着士人文化的日常器物也成了白塔木匠的表现对象。与其他几类题材相比,此类题材所占比重相对较低。

此外,还有回纹、万字纹、斜纹等几何纹,以及卷草纹、云纹(图3-31)等装饰性纹样。它们常雕于压条上,或作为辅助装饰与其他纹样共同构成画面,很少作为主要纹饰出现。

图3-30　世俗生活题材(图片来源:史有东)　　图3-31　卷草纹、云纹花板(图片来源:史有东)

三、雕刻手法与制作工序

1.雕刻手法

白塔木匠常用的雕刻手法有浮雕、透雕、圆雕和悬雕。目前,除个别规模较大的古建公司以外,大部分工匠仍采用传统的手工雕刻,很少使用机械;即便是引入立体雕刻机的公司,也仅在仿古工程中使用机械设备。当问及雕刻技艺的要领时，大家纷纷表示"没有什么诀窍""全凭个人领悟""怎么好看怎么来""根据个人想象做"，但是有三位工匠都提到了雕刻龙的技巧，即"龙讲究'三破'——眼睛瞪破，嘴张破，

图3-32　水兽(图片来源：史有东)

爪子撑破"，这样做出的龙比较威武，有气势。还有工匠表示，雕龙一般不能出现四只爪子，否则会显得比较呆板；身子要被云遮挡住一部分，有身在云雾之中的感觉。水兽(图 3-32)的雕法与龙相似，也讲究"三破"。

（1）浮雕

浮雕手法是其他雕刻手法的基础，是通过铲、削，剔除部分木料，利用凹凸起伏的层次感表现物象特征的一种雕饰手法，其层次丰富，极具表现力。浮雕按纹路的深浅又分为深雕、浅雕和线雕。深雕用于轮廓的处理；浅雕用于造型；线雕属于精细雕刻的环节，用于刻画动物毛发、植物纹理(刻阴线)，以及营造爪子、树干等粗糙物象的质感(扎麻点)等。剔除余料时，刀、铲的走向要顺着图案走向，由外向里，从深到浅，循序渐进。

（2）透雕

透雕，又称镂雕，是在浮雕的基础上，去除物象底纹，使物象独立呈现出来的一种雕刻手法，其物象突出，玲珑剔透。透雕手法在白塔古建中应用最为广泛(以单面透雕为主)，常用于制作花牵、绰木等板类构件，这些构件统称为"花板"。制好的花板通常用胶(现为汽钉)固定在一块与其等大的薄木板(衬板)上，形成浮雕的效果。这样制作的优点：一是将底纹直接剔除，省去了许多需要控制深浅和修理平整的部分，工作效率较高；二是成品的底面非常平整，便于安装；三是可根据

设计的需要,在多层花板中选择其中一层或几层加上衬板,以形成透雕与浮雕的对比效果。

　　近年来民居流行使用湖蓝、玫红、柠檬黄、翠绿等纯度较高的彩色衬板,甚至有的建筑上使用2~3种颜色的衬板(图3-33)。民居一般不施彩画,在绿色植被缺乏的黄土高原,彩色的衬板给单调的景观环境增加了一抹亮色,使空间显得富有生气,使木雕纹样更加突出。由于露出的衬板面积很小,所以纹样并不显得凌乱。

图3-33　民居上使用了彩色衬板的透雕花板

　　(3)圆雕

　　圆雕是对构件进行全方位雕饰,以便从四周欣赏的一种雕刻手法,常用于制作悬柱(垂花柱)柱头的垂花,插梁(挑尖梁)、托手(穿插枋)端部常做的鹁鸽头、象头、龙头等也用圆雕手法制作(图3-34)。

　　(4)悬雕

图3-34　圆雕悬柱

　　悬雕综合了浮雕、透雕和圆雕的雕刻手法,形成一种立体感、空间感极强的艺术效果,常用于制作穿云龙、凤凰、大鹏雕等宗教建筑明间檐部的瑞兽瑞鸟,以及柱子上的盘柱龙(图3-35、图3-36)。

图3-35　悬雕凤凰和龙(图片来源:史有东)

图3-36　悬雕盘柱龙

　　悬雕的做法是将构件进行分解并制作,翅膀、尾巴、胡须、爪子、头等突出主体物的构件用馒头榫插入主体物,以产生立体的效果。为保证插入构件的牢固性,安装时通常在馒头榫上涂抹胶水。(现在为了提高效率,常用汽钉代替馒头榫。)盘柱龙的制作比较复杂,为形成龙缠绕柱子的效果,需将龙身分段制作,并用暗销相连,连接处设计在柱子的背面,各种形式的云纹因势就形插入龙身,达到浑然一体的效果。

2.制作工序

白塔木匠将建筑木雕称为"花槽",雕刻过程称为"开花槽",雕刻由专门的花槽匠完成。制作大致可分为七道工序。

(1)绘制图样

笔者目前收集到的最早的木雕图纸(图3-37)是民国时期绘制在"改连纸"上的①。这种纸张虽然较薄,但是韧性很好。有的图样用毛笔按1:1的比例绘制;有的用香灰绘制,颜色较浅。图样绘制的好坏是木雕成功与否的关键,因此,好的花槽匠首先要具备精湛的画功,其次才是娴熟的雕刻技艺。许多老掌尺的雕刻功底也非常深厚,如朱存聪雕刻的龙,曾受到五屯(热贡)画师的称赞,如今的胥恒通掌尺和已故的肖怀贤、朱良环掌尺都有非常优秀的建筑木雕作品。

图3-37　木雕图纸

(2)拓印图样

用香将图纸上的图样沿轮廓线均匀地烫出一个个小窟窿,再用糨糊将图纸贴在切割好的木料上;用白纱布包裹细土,捆绑结实,在图纸

---

① 目前笔者收集到的老图纸主要是民国时期的魏尔三与崇光福(安步来)两位掌尺绘制的。此外,还有已故的肖怀贤掌尺绘制在塑料布上的木雕纹样。

表面轻拍,使土渗入窟窿;去掉图纸,拓印完成。现在的图样多用圆珠笔绘制在透明的塑料布上,可以用复写纸反复拓印。为了便于保存,还有一些图样绘制在薄木板上(图3-38)。

图3-38　绘制在薄木板(上)和塑料布(下)上的图样

(3)切分木料

即根据木雕的形状和尺寸,用锯子、刨子等工具对木料进行大致切割。

(4)凿粗坯(图3-39)

先将画好图样的木板用钉子固定在木工台上,再用大号斜铲大刀阔斧地去除多余的部分,勾勒出纹样的雏形,这个过程中主要关注大的比例关系。大号斜铲也叫"扎座",不仅刃口比其他斜铲宽、厚,而且手柄更长,方便用木槌或斧子施力,以提高效率。

图3-39　凿粗坯

（5）深入刻画（图 3-40）

主要使用斜铲、圆铲和刻刀对图案进行细致的刻画，尤其要注意形象的准确、生动，以及雕刻线条的力度和美感。斜铲主要用于取平、修光，一般中号、小号各一把即可。圆铲用于刻画圆角，处理转折处的弧形凹面，以及其他弧度较大的部位。刻刀主要用于刻画轮廓或勾勒线条，虽然型号很多，但熟练的匠师通常只用 2~3 把。使用刻

图3-40　深入刻画

刀时，右手握刀柄，控制刻刀的力度和走向；左手手指抵住刀柄，向相反方向施力，限制刻刀走位。一名优秀的匠师，能做到下刀准确，力度控制得当，"能一刀完成，绝不挖第二刀"。

（6）修整磨光

用斜铲修去各处刀痕，使整个构件光滑、平整，无雕刻痕迹，局部用砂纸进行打磨。

（7）修饰纹理

修饰纹理的目的是使物象更生动，雕刻更细致。用刻刀雕饰出物象细部的纹路，如动物毛发，花、叶上的纹理等；兽爪、树干等处的麻点用最小的凿子凿出，为提高效率，现在常用铁钉代替凿子扎出麻点（图 3-41）。最后是上色、上漆。所谓"画龙点睛"，不做彩绘的建筑，需要

图3-41　修饰纹理——扎麻点

用墨给龙、凤、狮子、水兽等动物点上眼睛,指甲也需要上墨,有的建筑还有上清漆的要求。

四、木雕技艺在现代的变化

建筑雕刻是白塔寺川传统建筑木作技艺的杰出代表,在特殊的历史背景和地理环境下,白塔木匠用他们勤劳的双手、杰出的智慧和精湛的技艺造就了独具特色的白塔寺川传统建筑木雕技艺体系。

目前,白塔寺川传统建筑木雕技艺仍在木匠群体中被积极地传承着。然而,随着时代的发展,木雕纹样也产生了一些改变,其中最为显著的是,由于计费方式的改变(按工时计费变为按件计费),导致新的木雕纹饰普遍比老的简略,缺乏细节的表现和细致的表达(图 3-42)。在工钱有保障的情况下, 一些技艺娴熟的木匠也能够雕刻出纹饰细密、繁复的作品,它们往往受到追捧。但是,细致、繁复与否并不是判定

图3-42　老建筑木雕(上)与新建筑木雕(下)纹样对比

木雕艺术水平高低的标准。白塔匠系传统的建筑雕刻并没有刻意追求细腻和繁复,而着重刻画物象的"神",细腻的手法和繁复的造型,只是表现神韵的结果,不是目的。因此,虽然表现出来的纹饰细密,但透露出的却是西北人洒脱、奔放的气质和由此带来的韵味。其中反映出的艺术修养,正是现在的工匠所缺失的。在对白塔寺川传统建筑木作技艺进行保护时,要正视这些变化,除了保护其原真性外,还要注意其活态性。

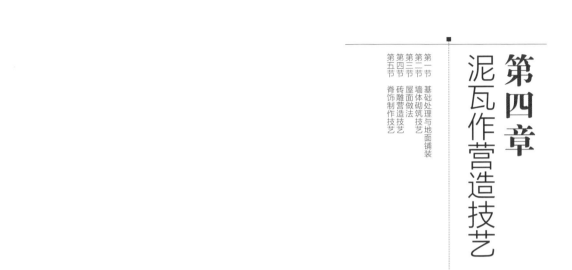

第四章
泥瓦作营造技艺

　　永靖古建筑修复技艺的泥瓦作包括基础处理、地面铺装、砌筑墙体、铺设屋面等工作。由于砖雕和脊饰的制作分别为墙体和屋面营造技艺中颇具地方特色的做法,且早已从泥瓦作中独立出来,对将二者分别进行专门论述。

　　泥瓦作的核心建筑材料是黄土高原取之不尽、用之不竭的黄土和红土。红土土质较硬,容易开裂,加入黏性较高的黄土便较易成型。将二者按照一定的比例混合成子母土,即可进行制坯、烧造。烧制成的青砖、青瓦质地较松软,易于砍磨加工,泥瓦作匠作技艺的特点皆由这一特性决定。

　　砖、瓦的制作需要经过选土、过筛、磨泥、制坯、阴干、烧制六道工序。

1.选土

　　土的质地要纯粹,不能含有沙子、石子,也不能有硬块(工匠称"僵土"或"板子土")。选土不仅要看,还要摸。抓一把土在手里,有绵软之感,稍微用力即散开者则为佳品。僵土质地粗糙,不易打散,即使用磨土机也很难磨细,不能采用。找到适合的土源后即可开采,但仍需时刻关注土的情况。有时虽然表面是绵土,但开挖到土层厚处就会出现僵土,因而不能大意。

　　红土与黄土分别开采装车,拉回基地后,选择一块平整的地面,将二者按比例交替分层堆放,即先倒一层红土,用装载机推平,再倒一层黄土,再推平,如此反复。这种堆土方式有利于取土时两种土自然混合,形成子母土。通常瓦的硬度较砖更高,二者的比例也不尽相同,制瓦所用红土和黄土的比例为 1.5:1,砖为 1.5:2。

2.过筛

　　为保证砖瓦件质地细腻,在和泥之前要过筛。用铁锹从堆好的土堆铲土,通过纱床过筛(图4-1),遇到板结的土块要先用木榔头砸碎。通过这道工序,也可将红、黄两种土均匀地混合在一起。为确保土质细腻,通常需要过筛三遍左右,非常费时。为了节省时间和人力,有时也用磨土机代替传统筛土方式,或者先用传统方式过筛一遍,再用磨土机粉碎一遍。

图4-1　过筛

3.磨泥

具体过程(图4-2):将筛好的土倒入事先挖好的泥坑中,灌入适量的水浸泡一天左右。水量根据土的干湿程度决定,边加水边用手感受,能捏成形即可。泡水后泥的干湿程度不均匀,需要人为将其和匀。传统做法是几名工匠进入泥坑,用脚在各处反复踩踏,增强其黏性,同时也可以使泥土中的碱返出来。磨一坑泥通常需要1~2天时间。磨好后用塑料布盖上进行晾晒,晾晒至八分干后铲出堆放进房中,用塑料布包裹严实,以防变干。

现在为了省力,通常用手扶拖拉机代替人力。为了保证拖拉机能将各处的泥都压到,泥坑必须做成圆形,底部铺设一层红砖。一个泥坑(直径约3米,深度约20厘米)大约能磨3立方米土,2小时即可磨成。有时也用和泥机磨泥。和泥机使用便捷,只需将泡好的土灌入机器,通过机器的搅拌后即可得到磨好的泥。为保证搅拌均匀,通常需重复磨2次。

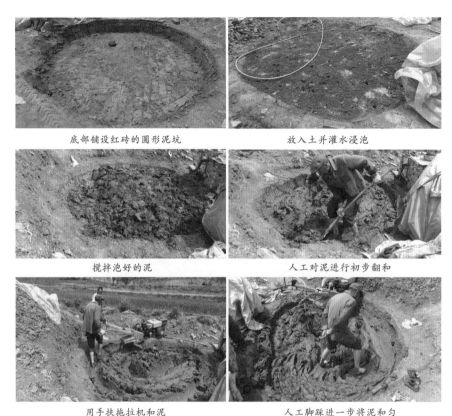

底部铺设红砖的圆形泥坑	放入土并灌水浸泡
搅拌泡好的泥	人工对泥进行初步翻和
用手扶拖拉机和泥	人工脚踩进一步将泥和匀

图4-2　磨泥的流程

4.制坯

（1）制瓦

瓦件用工匠自制的机器压制。机器由压制瓦片的上下两片模具以及压杆、基座三部分组成，均为铁制。制作工序如下：第一，用弓铲取适量泥，和成圆柱形。第二，在模具中垫一块潮湿的布，上面铺一点炭灰，放入和好的泥，其上再盖一块湿布。第三，拉下压杆，上层模具挤压泥巴使之成型。第四，打开模具，用铁线弓把挤出的多余的泥刮掉。第五，翻转模具，揭开垫在下层的布，取出成型的瓦。制瓦流程参见图4-3。

以前的猫头（勾头）、滴水与瓦分开制作，由专门的猫头匠负责粘

在模具中的湿布上铺炭灰　　　　放入和好的泥　　　　　泥上盖一块湿布

挤压成型　　　　　　　刮去多余的泥　　　　　取出成型的瓦

图4-3　制瓦流程

接。每个猫头的角度需要保持一致,而且要保证粘牢,这是一项技术活。猫头匠游走于各个窑厂,非常抢手。现在有了一体化模具,因此这个工种已经消失了。

(2)制砖

制砖的步骤是:第一,根据砖的尺寸制作顶部开敞的木框。第二,将泥摔入木框,摔时力度要大,否则泥无法充盈于木框的四角。第三,在四角处补填稠泥,确保四角充盈以使得砖坯四角方正。这也要求砖泥软硬适中,太软不易脱模成型,太硬则无法使泥充满四角。第四,用铁线弓刮去多余的泥,刮平表面,使坯体成型。第五,翻转模具,倒出砖坯。第六,将砖坯放入房中阴干,待半干时用木板敲打各个坯面,使其平整、密实。

5.阴干

为防止烧制时开裂,做好的泥坯必须自然阴干后才能入窑。用于阴干的屋子多用彩钢板搭建而成,既用于阴干也用于存放。有时因房屋不够用,也可在室外平地进行晾晒,但需用塑料布遮盖,上覆防晒网。瓦当造型特殊,晾晒场地需要挖出凹槽以防对其端部造成磕碰(图4-4)。板瓦晾晒时需要衬一个烧好的板瓦,以防滴水(当地称"接水")变形,烧好的板瓦在衬瓦之前蘸一点水,防止相互粘在一起。

图4-4 晾晒瓦当的场地与瓦当晾晒示意图

6.烧制

烧制砖瓦的窑是工匠用青砖垒砌的"馒头窑",主要由窑门、窑顶口、火膛、窑室、烟道组成。窑温是烧制过程中最关键的因素,通常由经验丰富的老窑工负责掌握窑温,窑温通常控制在850 ℃左右,什么时候加炭,什么时候印水,什么时候开窑,依靠的都是多年积累的经验。

火膛正对窑顶口,亦用小青砖砌筑,有通道与窑外相连,便于烧制时添入炭,四周均匀留出孔洞,便于火从中冒出。火膛上半部分垒砌拦火砖,使火膛高度延伸至窑顶口。烧制时,还需在窑底铺设一层火道砖。火道砖,顾名思义,指用于过火的砖,用立起的小青砖以火膛为中心向四周发散铺设而成,每列砖之间留有空隙与火膛孔洞相连,形成"火道"。最后在外面铺一层砖,把窑顶口封住即可开烧。烧制时,火道砖上层层叠放需要烧制的砖瓦件,直至窑顶。火焰从火膛及拦火砖的孔洞冒出进入火道,升至窑顶。窑顶的砖瓦件位于外焰中,先"熟",依次向下慢慢烧"熟",烟从窑底的烟道排出。

烧好后要用水给整个窑体降温,降至常温时才能出窑,水与砖瓦中的铁相遇使其不完全氧化变成四氧化三铁,使砖瓦呈现出好看的青蓝色,这个过程称为"印水"。方法是用土将窑门封住,并在窑顶垒筑出一个圆形小坝,从顶部放水,水慢慢下渗覆盖整个窑体使之冷却,整个过程需3~7天,顶部要始终保持15厘米左右高度的水。烧制过程见图4-5。

窑中不同位置烧出的脊饰颜色也不一样。拦火砖附近的温度最

慢头窑

窑内火膛

加炭

印水

图4-5　入窑烧制

高,烧出的脊饰"熟"度最高,颜色偏青;烟道附近的温度较低,脊饰"熟"度较低,颜色偏黑。为了美观,出窑时会用石墨统一刷一遍颜色。

第一节
基础处理与地面铺装

一、基 础 处 理

1.放线、打夯

永靖古建筑修复技艺中的基础处理相对比较简单,没有垫层,仅做夯实处理。首先是放线,即用白灰勾勒出庄廓的位置及建筑的外轮廓线,然后钉龙门桩和龙门板。龙门桩上标出基础深度,原土夯实、灰土夯实的高度,以及柱顶石的高度等,龙门板上标记出面阔和进深的中轴线。

基础开挖的深度因建筑规模的大小而不同,民居一般深 80 厘米左右,寺院建筑通常为 1.5~2 米。挖好基础后填入三七灰土,用夯杵夯实,每隔 20 厘米填压一次。夯杵高 1.5 米左右,直径 15~30 厘米,采用结实、厚重的硬杂木制成,底部镶嵌一石块,用铁箍固定;铁箍上安装 4 个铁环,有麻绳捆绑在铁环与夯杵中上部的 4 根把手上。打夯需要 4 人协作,2 人握把手,2 人拉绳,齐心协力把夯杵举到一定高度,再使其重重砸下。每一行的杵窝正对上一行杵窝之间的缝隙,形成梅花状,称"梅花杵",杵窝之间形成类似榫卯的嵌套效果,结实牢固。一些造价较低的民居,甚至不用三七灰土,而是直接将生土夯实。在夯生土时,需保证生土的湿度适中,过干容易压不实,过湿则会返浆。

因基础的处理方式较为简单,年代久远的白塔古建常会出现不同程度的地基下沉,以及建筑倾斜问题。为解决这些问题,一些等级较高、预算较充足的寺院发展出用三合土打制地圈梁的做法。20世纪80年代以后新修的建筑普遍做钢筋混凝土的地圈梁,并做毛石灌浆垫层,有效地解决了这些问题。

2.找平、稳柱顶石

基础做好后需要进行找平,并安放柱顶石。柱顶石亦需要找平,称"稳柱顶石"。首先在地基中间放一口盛满水的大锅,里面漂浮着一根木条;然后,在对角的龙门桩之间拉线,此线称"水平线",调整水平线的高度使其与木条保持水平;接下来开始稳柱顶石。柱顶石与柱子一一对应,按编号放置在相应的位置。以一个柱顶石的高度为基准,拉水平线至每一个柱顶石处,或垫或铲,使各柱顶石保持水平。这种稳柱顶石的方法十分耗时,两个人至少需要花一天的时间,现在常用塑料管装水定平。有水泥地圈梁的建筑,柱顶石的找平依靠水泥垫层(图4-6)。

制作柱顶石最好的材料是花岗岩,但其造价相对偏高,因此80年代后流行用水泥浇筑,外面包裹石材的方法。水泥造价较低,但是吸水性强,易致柱根糟朽,为防止返潮,需在水泥上垫上牛毛毡(图4-7),但时

图4-6 用水泥垫层找平

图4-7 水泥上垫牛毛毡防潮

间长了柱根还会腐烂。白塔木匠的传统做法是在柱子底部锯一个"十"字槽以蒸发潮气,称"锯十"。

二、地面铺装

地面铺装工作通常在建筑全部完工后进行。藏式与回式寺院建筑常铺设木制地板,汉式寺院建筑则铺设青砖。铺设木地板时,需先用约3厘米厚的枕木搭建木龙骨,其上铺设木地板;每条木地板宽约10厘米,侧面四周开榫卯以便连接。铺砖时,通常室内及院落铺设30厘米×30厘米×10厘米的方砖,檐部铺设20厘米×40厘米×10厘米的条砖。

砖的铺设方式是,根据室内尺寸计算出砖的数量,从中间开始向四周铺设。第一步,以柱顶石上沿为标准,在四周墙面弹上墨线。第二步,在室内正中拴纵横两道轴线,定出正中心砖的位置。第三步,在开间方向的两端和正中安装曳线,并在进深方向各墁一趟砖;墁砖使用的是天泥(用天然黄土和成的泥称为"天泥")。第四步,将墁好的砖揭下,对低洼处的泥进行垫补,并在泥的表面刷涂一层白灰浆,接着将砖重新按下。第五步,用木槌沿着砖的一边依次敲击砖体表面各处,将砖敲实。第六步,将挤出的灰浆刮去。第七步,铺完后等待地面自然晾干,对砖缝进行检查,把高出的部分用磨石打磨平整。最后,用干净的麻布蘸水,将地面整体擦拭干净。一些高级的做法,还会在地面干透后刷涂一层生桐油,并用猪皮来回推擦,使桐油渗入砖面,以起到防潮、减少返碱的作用,抑或在铺设前将砖放入烧好的清油中浸泡15分钟左右再铺。

目前这种使用天泥和灰浆铺砖的传统方法只在修复工程中采用,新修的建筑多用水泥砂浆铺设地面。

第二节
墙体砌筑技艺

一、墙 体 类 型

大木结构完成后即可砌筑墙体作为建筑的外围护结构。白塔匠系砌筑的墙体按做法分主要有土坯墙,以及在此基础上结合青砖砌筑工艺产生的青砖立柱土坯墙和砖裱墙三种。

土坯墙是用天泥经脱模、晾晒、风干制成的土坯砖砌筑而成的。用天泥制成的土坯质地紧密,保温、防水性能好。青砖立柱土坯墙采用的是墙体四角以青砖砌筑,中部以土坯砖砌筑,使青砖形成壁柱效果的做法;砖裱墙采用的是在土坯砖墙外包砌青砖,形成清水砖墙效果的做法。土坯墙和青砖立柱土坯墙主要应用于民居,是较简单、省事的做法;砖裱墙常与临夏砖雕艺术结合,多用于公共建筑及有条件的民居府邸,是在经济条件允许的基础上充分考虑美观的产物。如今随着经济水平的提高,新建建筑已很少使用土坯墙和青砖立柱土坯墙,常以红砖代替土坯砖做砖裱墙。

二、墙体砌筑技艺

砌墙前的基础工作是以夯杵夯实墙基。砌筑土坯墙(图4-8)时,先用青砖或卵石配草泥砌筑70~90厘米高的下碱,以起到防潮作用。下碱较墙体略宽,在其基础上以一顺一丁的方式砌筑土坯砖,以增强墙体的整体性;墙体上肩、前檐转角等与木构交接的部位,通常砌成"八"字形以将柱子包砌其中①;粘接材料仍为草泥,条件好些的建筑有时也混入一些麻刀。最后,对墙体表面进行找平、抹平处理:首先,用草泥找平墙体表面,

图 4-8 土坯墙

此时所用草泥中的草较粘接时所用的草长一些;之后做罩面,罩面通常做两层,第一层称"头铲粉",用含土的粗砂浆,"二铲粉"(第二层)用不含土的细砂浆。做好的墙体表面平整,与黄土高原的景观融为一体。

青砖立柱土坯墙(图 4-9)同样先在基础上起下碱,然后用草泥同时砌筑墙体两端的青砖"立柱"和中间的土坯墙。青砖部分的宽度没有固定限制,视墙体比例而定。墙体的上肩全部用青砖砌筑,层层收入后与木构交接,呈"八"字形②。土坯墙部分仍做面层处理,与光洁的清水墙面相得益彰。上肩有时也做一些特殊的造型处理,打破青砖外框包

图 4-9 青砖立柱土坯墙

---

① 唐栩:《甘青地区传统建筑工艺特色》,天津大学 2004 年硕士学位论文,第 102 页。

② 同①,第 103 页。

裹土坯墙的笨拙感，使古朴的墙体产生轻松活泼的设计感。

砖裱墙(图 4-10)采用了以土坯墙做内层，外皮以青砖包砌的做法，使墙体外观产生与青砖墙同样的效果，"裱"字形象地说明了这种墙体的做法特点。从经济的角度出发，通常位于室内的墙体仅外墙包砌青砖(单面包砌)，完全处于室外的墙体，如照壁、樨头、廊心墙等则做双面包砌。青砖外皮常以砖雕装饰。

砖裱墙的砌筑方式是，先砌筑内部的土坯墙，再砌筑青砖外皮，二者之间均

图 4-10 砖裱墙

匀设置铁制拉杆进行拉结。单面包砌青砖的墙体，在室内一侧的土坯内埋设木砖，以长铁钉依次穿透木砖、土坯墙和青砖墙，再以加工好的铁花套于其上并铆死，称"梅花钉"；双面包砌青砖的墙体，无须木砖，以长铁钉穿透整个墙体，两端均打梅花钉；樨头等带有独立端头的墙体，还需沿墙体走向自下而上均匀设置 4~5 条水平的木拉杆，端头做燕尾榫砌入青砖墙体，以起到拉结樨头与山墙的作用，辅以铁钉时，则樨头正面会出现梅花钉①。砖裱墙结构示意图见图 4-11。

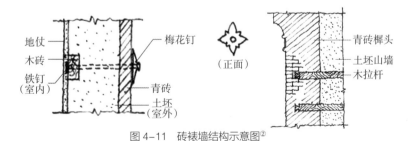

图 4-11 砖裱墙结构示意图②

① 唐栩：《甘青地区传统建筑工艺特色》，天津大学 2004 年硕士学位论文，第 104 页。

② 同①，第 105 页。

第三节
屋 面 做 法

一、屋 面 类 型

　　白塔匠系铺设的屋面的类型大致可以分为两类：一类是夯土屋面，另一类是青瓦屋面。夯土屋面主要应用于民居，青瓦屋面则应用于庙宇、清真寺、拱北等公共建筑。

二、夯土屋面的传统做法

　　由于当地干旱少雨，民居多采用夯土屋面，为平屋顶或坡度极缓的单坡顶，传统做法是以麦秆、草泥和生土铺设夯土，对保温、隔热功能的考虑高于防雨功能。具体做法是：首先，在望板上铺设 2~3 层麦秆，中空的麦秆以及麦秆之间的缝隙形成一个空气层，可起到良好的保温、隔热效果；然后，铺设一层厚度约 3 厘米的草泥作为过渡和粘接层；最后，铺 5 厘米左右厚的生土并夯实。夯土层质地细密，又有草泥层吸收，雨水一般很难深入椽子。为保证屋面的寿命，每年开春前需将屋面积雪清扫干净，以防雪水融化渗入生土层，反复冻融致使土层酥松。通常每隔 15~20 年，重新上一次房泥进行加固。

　　夯土屋面有一种古朴的美感，其铺设技艺相对简单，并且成本较低，经济实用，在甘青一带的民居中应用非常普遍。近几年随着经济水平的提高,一些有条件的百姓从美观的角度出发,选择铺设青瓦屋面。

| 三、青瓦屋面的铺设技艺 |

　　青瓦屋面的铺设技艺与其他派系并无太多区别,白塔匠系铺设的屋面的特色主要体现在脊饰上。本文仅对其中的一些特殊之处加以论述。

　　白塔古建多采用青瓦,琉璃瓦使用较少,个别建筑局部使用青琉璃瓦做琉璃剪边。青瓦与青砖所用的材料一样,也用子母土烧制而成,质地较松软,易于砍磨加工。主要瓦件有筒瓦、板瓦、猫头、滴水(图4-12),屋脊的主要构件包括花脊、脊兽和青砖。其中,猫头(图4-13)即勾头,因多为像猫一样的造型而得名;花脊为雕花的脊砖,是白塔古建特有的脊饰。

图4-12　筒瓦、板瓦、猫头、滴水

图4-13　各式猫头

　　白塔匠系通常先铺设屋面青瓦再安装屋脊,称"先宽瓦再包脊"。由于白塔古建"檐如平川,脊如高山",一些建筑屋面弧度较大,匠人常在望板折线连接处垫一些瓦片,既可以节省灰,也可以减轻屋面重量。

　　脊部的线脚常以青砖、板瓦、花脊组合砌成(图4-14)。先以青砖砌筑屋脊线,以板瓦代替当沟专用瓦件,其上安装花脊。一些小型建筑的排山瓦件常简化为披水砖做法,歇山顶山花下的博脊处,有时砌2~

3 皮青砖代替博脊,甚至完全不施博脊,使瓦垄直接接撞在山花和博风上。

图4-14 以青砖和板瓦砌筑脊部线脚

第四节
砖雕营造技艺

临夏砖雕亦称"河州砖雕",历史非常悠久。从境内出土的大量宋金墓砖可以看出,彼时砖雕的表现题材已经十分丰富,雕刻技法也非常纯熟。元代,大批中亚穆斯林定居河州,为当地文化注入了一股新鲜的血液,在长期发展的过程中,汉族传统文化、当地民俗文化和伊斯兰文化逐渐融为一体,到明清时期已经形成独特的艺术风格。明代,国家对公侯、百官以及百姓宅第的建筑形制与装饰等级做了比较严格的限制(包括建筑规模、屋顶形制、藻井、斗拱、脊饰以及油漆彩画等），而砖雕不在禁限范围之内①，这进一步促进了砖雕艺术的繁荣。明清时期，临夏砖雕已广泛应用于清真寺、拱北以及民居，并且声名远播，尤其在伊斯兰文化圈产生了广泛的影响，青海、陕西、四川等地的回族聚居区均可见到临夏砖雕的身影。民国时期，临夏砖雕匠师的足迹已遍布甘、宁、青、川、新疆等整个西北地区。随着以马步青为代表的军政商界人士大肆兴建府邸、清真寺和拱北，河州涌现出一大批技艺精湛的匠师，产生了许多优秀的作品②，砖雕风格也逐渐由明清时期质朴简约向追求华丽的细密繁复之风转变。

　　新中国成立初期，百废待兴，临夏砖雕行业也曾一度陷于低迷。改革开放之后，随着国民经济的高速发展，临夏砖雕迎来了新的发展机遇。一些砖雕公司在原来小型作坊的基础上建立起来，他们聘请老工匠作为技术骨干，提升雕刻质量，不仅促使临夏的砖雕产业逐渐形成，也培养了大量人才。在当地政府的支持下，临夏砖雕逐渐成为临夏回族自治州的一项特色产业，人们将其形象地称为"把黄土变成金"。2006 年，"临夏砖雕"被列入第一批国家级非物质文化遗产名录。

一、砖雕的艺术特点

　　临夏砖雕通常设于门头、影壁、山墙、槛墙、椽头、廊心等人们视线较集中的建筑部位。临夏地区特殊的自然条件，悠久的历史，丰富多彩的民间艺术，以及多民族聚居形成的独特区域文化，使临夏砖雕形成了极其鲜明的艺术特色，在众多派系中脱颖而出③。

① ［清］张廷玉：《明史·卷六十八·志第四十四·舆服四》，中华书局 2015 年版，第 1671—1672 页。

② 王玉芳：《河州砖雕艺术》，团结出版社 2019 年版，第 85 页。

③ 中国目前的砖雕大致可分为六大流派：京津砖雕、晋陕砖雕、徽派砖雕、苏杭砖雕、岭南砖雕、临夏砖雕。

1.图案丰富,装饰性强

临夏砖雕的表现内容主要来自六大题材,分别是民俗文化题材、传统装饰纹样、博古题材、文人绘画题材、装饰小品、文字。每一类题材又有许多不同的图案,其中不乏极具地方特色的表达。善于创新的临夏工匠常常在传统图案的基础上加以自我发挥,以及对不同时代名家画作的"移植",使得临夏砖雕的图案非常丰富。与其他派系的砖雕图案相比,临夏砖雕缺少一类非常普遍的题材——人物故事、民间传说。临夏砖雕的图案多为写实性绘画、图案化的传统纹样及艺术化文字,装饰意味更强,这与伊斯兰文化的影响密切相关。

早期的临夏砖雕也有大量故事、传说类题材,如宋金墓出土的墓砖中就有大量故事题材(图4-15)。元代之后,随着大批中亚穆斯林定居河州,临夏逐渐成为西北"小麦加"。禁止偶像崇拜的结果,导致了伊斯兰艺术朝象征性和装饰性发展①。受其影响,临夏砖雕艺术也越来越注重装饰性,到明清时期,传说故事类题材已非常罕见,甚至连人物都甚少出现。

图4-15 临夏出土的宋代砖雕

2.层次丰富,雕刻细密

与其他派系相比,临夏砖雕最显著的特点是雕刻的层次非常丰富。这首先与砖的材质密切相关。黄土高原为临夏砖雕提供了取之不尽、用之不竭的原材料,用黄土与红土混合而成的"子母土"制成的临

---

① 罗世平,齐东方:《波斯和伊斯兰美术》,中国人民大学出版社,2010年。

夏砖,质地相对比较松软,可徒手控制刻刀进行雕刻①。这种较为柔软、容易雕刻的质地,给工匠提供了更多的发挥空间,他们利用这一特点拓展了砖雕的艺术表现力,使临夏砖雕可以表现出更丰富的层次和较为复杂的造型。其次,这是临夏砖雕注重装饰性的显著体现。受汉族"花无正果,热闹为先"的民俗文化以及回族同胞热爱装饰、追求繁盛之美的美学观影响,砖雕工匠往往通过雕刻出丰富的层次带给人强烈的视觉冲击力,并通过满密的雕刻达到华丽的装饰效果(图4-16)。

近代以来,随着砖雕技艺的不断发展、工具的进步、制砖技术的提升,尤其是世俗追求形似的审美成为当代砖雕艺术的美学风尚②,临夏砖雕更加追求逼真造型的表现。工匠通过模仿自然的写实手法,进行极其细致的刻画,加强砖雕热闹、繁复、华丽的装饰性,并通过加大砖的尺寸,借鉴木雕的悬雕技艺,利用各种手段增强雕刻的立体感,使临夏砖雕层次丰富、雕刻满密的艺术特点更加突出(图4-17)。

图4-16　呼之欲出的砖雕葡萄　　　图4-17　当代民居中繁复、满密、极具立体感的砖雕

---

① 这是相较于其他派系而言的。例如徽派砖雕所用的青灰砖,质地坚细,需用木敲手或榔头敲击凿子进行雕琢。

② 参见本章第四节"六、砖雕技艺在现代的变化"。

3.造型复杂,尺幅巨大

砖材质较软的特性使西北人粗豪的性格以及勇于创新的精神能够在砖雕的造型上得到鲜明体现。工匠不仅在砖体表面进行雕刻以用于墙体装饰,而且创造性地将砖裁切、打磨后拼合形成各种复杂的造型,使其成为建筑的重要组成部分(如门洞、影壁),或者直接用砖雕模拟木结构建筑,产生令人耳目一新的效果。

东公馆的花瓶门洞(图4-18)是其中的代表。青砖经过细致的裁切和打磨后拼合成巨大的花瓶,从墙体夺壁而出坐于圆形底座上,两束绚丽的牡丹花从花瓶中"喷涌"而出汇合形成门洞。这一极富巧思的设计具有浓烈的浪漫主义色彩,繁盛的花朵与花瓶的疏朗形成鲜明对比,粗狂中饱含着细腻,堪称临夏砖雕中的精品。

直接用砖雕模拟木结构建筑也是临夏砖雕一绝。虽然在其他派系中也有砖雕仿木结构建筑的情况,但临夏砖雕的仿木结构的造型和做法更加复杂。如前文所述,各式斗拱(踩)是永靖古建筑的一大特色,因此砖雕仿木结构自然要对各式造型复杂多变的斗拱进行模仿,使临夏砖雕的仿木结构呈现出与其他派系截然不同的复杂形式。除木结构中的几种斗拱形式外,还有一种砖雕中独有的"如意踩"(图4-19):每个坐斗安放一柄"如意",拱为与水平呈45°向前伸出的"斜膀翅",相邻两个斜膀翅交会处安放小升,升上安放一柄"如意",看上去像是一组立体

图4-18 花瓶门洞

的菱形网格，每个网格中伸出一柄小
"如意"。如意踩造型复杂，装饰效果满
密、华丽，体现了砖雕工匠的精湛技艺。

"造型复杂，尺幅巨大"的特点还体
现在砖雕影壁上，这也是临夏砖雕影壁
与其他派系影壁的显著区别。临夏砖雕
影壁也由屋顶、墙身、基座三部分组成，
不同之处一是影壁尺寸较大，二是檐部
和基座的造型比较复杂。檐部有时做斗
拱，但更常以木构民居为参照，做层层

图4-19 砖雕仿木结构的如意踩

挑出的雕花板（花牵板）、垂花柱（悬柱）、鹁鸽头（蚂蚱头）等系列构件，
基座常在须弥座上做出栏板和望柱，与檐部的雕花板、垂花柱相呼应。
巨大的尺寸、复杂的造型和丰富的装饰使影壁整体显得端庄、大气、
华丽。

位于八坊十三巷的北寺影壁（图4-20）建于清乾隆六年（1741年），
是临夏现存最古老的一座砖雕影壁，长12.3米，高6.6米，宽1.0米，横
向分成三部分，主图为"墨龙三显"，两边分别为"有凤来仪"和"丹凤朝
阳"，檐部为官式三踩斗拱，须弥座。影壁全部由青砖垒砌，墙体极其坚
固，砖缝致密紧凑。目前，随着人们生活水平的提高，影壁的尺寸越做
越大，檐部雕花板的层数、垂花柱的个数也越来越多（图4-21）。

图4-20 北寺影壁

图4-21 当代民居影壁

| 二、砖雕技艺的类型 |

　　临夏砖雕的传统雕刻技艺有深浮雕(高浮雕)、浅浮雕、立体雕(圆雕)、透雕(镂雕)、双面雕、阴雕(阴线刻)、阳雕(阳线刻)、镶嵌等,其中深浮雕、浅浮雕及阴雕、阳雕四种技法较常使用,通常综合运用于一幅砖雕之中。透雕与立体雕属于高级技法,应用于建筑上,装饰效果非常突出。例如,透雕常用于雕刻檐下的雀替,形成较为真实的仿木雕效果(图4-22);立体雕常用于门口两侧的装饰,形成雕塑般的装饰效果(图4-18)。镶嵌技艺(图4-23)通常用于大型砖雕中动物眼睛的刻画,以形成逼真的效果。目前,随着砖雕工艺品的开发,透雕技艺得到大范围的应用,并且衍生出难度更高的双面透雕技艺(图4-24)。

图4-22　临夏蝴蝶楼檐下透雕仿木雀替　　　图4-23　临夏八坊北寺影壁运用了镶嵌技艺

　　此外,砖雕匠师还善于借鉴国画、木雕等其他艺术形式的技法。明清时期临夏砖雕艺术达到一个高峰,这一时期的砖雕工匠大多有深厚的国画功底。他们一方面将国画的皴、点之法运用到砖雕中以刻画山石、树干;另一方面借鉴了国画的构图方式,注重虚实、疏密的对比,画面疏朗;还有一些时候,匠师直接将名人画作作为雕刻蓝本。国画技法的引入使得明清时期的临夏砖雕颇具文人画的意味(图4-25)。临夏红

图 4-24 运用透雕技艺的砖雕工艺品

图 4-25 具有文人画意味的砖雕作品

园、东公馆的砖雕是这一时期的代表。

对木雕技艺的借鉴始于 20 世纪 80 年代。当时临夏大拱北以公开招标的形式招聘重建大拱北的工匠及砖雕匠师,具有彩绘和木雕功底的白塔木匠胥恒通掌尺抱着试试看的心态用木雕手法雕刻的一块砖雕,在众多竞标者当中脱颖而出。后来胥恒通掌尺带领白塔木匠承担了大拱北的砖雕工程,他们将木雕技艺及构图方式运用于砖雕艺术中,刀法苍劲有力,构图饱满,给人以古拙大气之感(图 4-26)。

此外,随着砖雕大量应用于现代建筑,一些大尺幅的砖雕应运而生。由于面积较大,对立体感的追求随之加强。砖雕匠师借鉴木雕中的悬雕技艺,创造了比高浮雕立体感更强的拼接工艺。"拼"指拼贴,通过局部叠加(即"贴")2~3层砖雕的做法增强立体感,内部以钢筋进行连接;"接"指衔接,

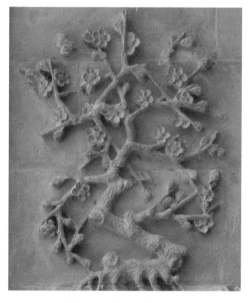

图 4-26 临夏大拱北的砖雕梅花

将一些凸出的构件(如龙角、龙爪)单独制作,插入整体的砖雕中(亦通过钢筋连接)(图4-27)。采用现代拼接工艺的砖雕层次丰富,可以使大型砖雕产生大气、华丽的装饰效果,常应用于公共建筑。临夏州图书馆的正立面两侧分别装饰"太子山风情"和"黄河之水天上来"两幅巨幅砖雕(长195米,宽5.4米),大气磅礴。

图4-27 运用了现代拼接工艺的砖雕
(龙首、龙角部分为拼接)

三、砖雕的题材

1.民俗文化题材

民俗文化题材是临夏砖雕很常见的一类题材,与木雕中的此类题材表现的内容类似,区别在于砖雕题材更偏爱牡丹和葡萄,二者与博古并称为临夏砖雕"三绝"。砖雕题材中对牡丹的偏爱与临夏人自古以来的牡丹情结有很大关系。"家家庭院植牡丹,户户中堂绘天香"是临夏民居的真实写照,形象地描绘了百姓对牡丹的热爱。除去美化生活的外在表现,人们从牡丹硕大如盘的盛开状态看到了蓬勃、旺盛的生命状态,并将其与富庶、充实的物质生活联系在一起。临夏地区金代墓葬中已有牡丹砖雕,说明至少在宋金时期,牡丹已走进当地人的生活。明代,临夏已有"小洛阳"的美誉,大儒解缙客居河州时曾发出"秦地山河无积石,至今花树似咸京"的感慨,嘉靖本《河州志》中已有栽培牡丹的记载,足见牡丹在临夏人心中的分量。种牡丹、赏牡丹、唱牡丹、写牡丹、画牡丹、雕牡丹、绣牡丹、剪牡丹……牡丹已成为临夏百姓生活的一部分。

砖雕中牡丹的表现形式非常多,既可以独立构成一幅图,表现牡丹盛开的繁盛之景,也可与其他物象搭配构成不同的寓意,例如,牡丹插在花瓶中代表"平生富贵",牡丹花下有寿石指"十生富贵"等。牡丹既可以做主题图案,也可以做角花等装饰(图 4-28)。

图 4-28　牡丹做主题图案与牡丹角花

　　葡萄是伊斯兰艺术的重要题材,《古兰经》里描述的天堂中满是诱人的葡萄,因此在回族同胞的心中葡萄是幸福生活的象征;而在汉族的民俗文化中,葡萄繁茂的果实往往与多子多福、丰收、富裕联系在一起。在二者的影响下,葡萄成为临夏砖雕中备受青睐的一类题材。葡萄题材的表现形式也非常多样,既可以侧重于表现枝干的苍劲有力,以表达家族基业的"根深蒂固";也可以表现硕果累累的状态,寄托多子多孙、兴旺发达的美好愿望,称"带子上朝"。对于雕刻技法而言,牡丹与葡萄的雕刻虽然均强调写实,但与牡丹的刻画注重花、枝、叶的主次、穿插关系,以及花朵开放时的各种状态不同,葡萄的刻画更追求呼之欲出的立体感。由于表现形式丰富,葡萄题材的应用范围也特别广泛,通过工匠巧妙的组织构图,葡萄既可以做壁心(也称"堂心")的主图,也可以做束腰、槫头的装饰小品,还可以做边饰(图 4-29)。

图 4-29　各类葡萄主题的砖雕

2.传统装饰纹样

　　传统装饰纹样主要是世代传承、有固定样式的装饰纹样,如宝象花、团寿纹、云龙纹、卷草纹、缠枝纹、蟠螭纹、如意云头纹、几何纹等(图 4-30)。与其他写实题材不同,此类题材是对带有吉祥寓意的物象(以动植物居多)进行抽象之后形成的图案化装饰,例如,宝象花是以

图 4-30　几种传统装饰纹样

荷花(有时也用牡丹)为主体,枝叶卷曲变形后环绕四周形成的图案,卷草纹是忍冬、荷花、兰花、牡丹等花草与枝叶变形形成的曲线状花纹,蟠螭纹是抽象的龙纹。它们一般不做主体纹饰,常做辅助装饰,起烘托氛围的作用,如影壁的脚花;或用于建筑细部的装饰,如束腰、樨头、栏板以及仿木结构的花牵等。

几何纹是传统装饰纹样中样式最繁多的一种,如万字纹、回字纹、水纹、莲瓣纹、龟背纹等,它们同样具有吉祥的寓意,如万字纹代表好运不到头,龟背纹意味着长寿,等等。几何纹常以二方连续、四方连续的形式出现,具有韵律美和节奏感,是应用最广泛的辅助纹样,常作为角线、腰线等装饰线脚(图4-31)出现在砖雕各个部位,其中龟背纹还常做壁心的底纹或单独做壁心,即"素心影壁"(图4-32)。

图4-31 几何纹装饰线脚

图4-32 素心影壁

3.博古题材

博古题材在其他砖雕派系中并不多,却是临夏砖雕中非常常见的一类。这种对博古题材的偏爱颇具地方特色:一方面与士大夫阶层的集古、博古的文化传统有关,另一方面也与回族同胞善于识宝、鉴宝、藏宝的民族传统和经商传统有关,博古架也是回族商人家庭的重要陈设①。

博古题材的图案多为摆满古瓶、玉器、鼎炉、书画、盆景、笔筒等文物的博古架,有些瓶子插满盛开的鲜花,每个格子顶部辅以传统吉祥纹样做装饰角花。其内容丰富、雕刻复杂,给人以繁盛、华丽之感(图4-33)。博古题材原本有博古通今的寓意,但是在发展过程中受市民文化的影响,被赋予了吉祥象征,例如鼎炉寓意事业鼎盛,古瓶代表人员平安,笔筒、书画象征家中读书人辈出……每个格子中器物的组合也有着不同的吉祥象征。

图4-33　各式博古题材图案

4.文人绘画题材

受儒家文化的浸润,临夏地区文化底蕴深厚。尤其明中期以来,当地文化教育事业取得了长足的进步,培养了许多享誉西北的学者、诗

---

① 牛乐:《素壁清晖——临夏砖雕艺术研究》,天津教育出版社2011年版,第89—90页。

人、画家。由于出资修建清真寺、拱北,以及有实力在宅邸中使用砖雕
的人多为士大夫阶层,他们的艺术审美直接影响到砖雕的创作,尤其
是自清中晚期开始,士大夫文化开始在市民阶层流行,进一步加强了
文人画对砖雕艺术的影响。一方面,匠师的培养非常注重艺术修养和
绘画能力,以文人绘画的基本理论作为艺术准则,许多匠师自身就是
非常优秀的文人画师(图 4-34);另一方面,一些砖雕直接以当时著名
画师的作品为蓝本进行雕刻,并成为一种传统延续至今(图 4-35)。因
此,临夏砖雕具有较高的艺术品位。文人绘画题材的砖雕作品尤以山
水题材居多,主要用于影壁的壁心。

图 4-34 清代著名匠师绽成元
作品上极具书法功力的题记

图 4-35 红园广场的砖雕
(以当代画家孔德良、陈龙的作品为蓝本创作)

5.装饰小品

装饰小品(图 4-36)一般出现在
榫头、束腰等面积较小的部位,采用
1~2 种植物或器物形成独立、完整的
画面。由于尺幅较小,更考验工匠的
艺术修养,一枝梅花、一丛竹子、几株
兰草……通过巧妙的构图手法组织
成极富意趣的画面。虽然出现在建筑
的次要位置,但其中不乏精细的表

图 4-36 装饰小品

达,与主体雕刻一起形成一组完整的砖雕作品。

6.文字

文字是临夏砖雕中另一类极具代表性的题材,与其他派系中文字常做"配角"不同,临夏砖雕中的文字既可做"配角",也常独挑大梁担任"主角"。文字类题材中既有汉字也有阿拉伯文,常做书法化、艺术化处理,作为壁心或大门的楹联、牌匾;既可单独出现,也可与其他装饰纹样一起构成图案。民居常见的文字装饰除楹联和牌匾外,以"福""禄""寿""喜"等单个吉祥文字配以几何底纹或花卉植物纹的形式居多;拱北、清真寺的文字装饰多为经文或警句,以教化、警示世人。文字砖雕参见图4-37。

图4-37 文字砖雕应用于壁心(左、右)及大门(中)

┃ 四、砖 雕 工 具 ┃

砖雕工具大部分为工匠自制,共有打磨工具、裁切工具、取平工具、画线工具、加工工具、雕刻工具六大类。

1.打磨工具

(1)砂轮

砂轮用于将烧制好的砖打磨方正(即推平),表面打磨平整。使用砂轮磨砖非常费劲,并且出活慢,现在已用磨砖机代替,大大节省了人力,提高了工作效率。磨砖机仅用于初步磨平,在雕刻前还需用砂纸进一步打磨。

(2)砂带

砂带是一种厚砂布,根据需要裁取并粘贴在木棒上,对打磨好的砖进行进一步精修。现在常用砂纸代替。

(3)磨石

磨石用于打磨用钝了的工具,每个工作台上都有磨石,便于随时给工具"上劲"。

2.裁切工具

(1)锯子

锯子可将打磨平整的砖切割成需要的尺寸和形状。锯子有两种:一种与木工锯相同,只是锯刃比其钝一些,通常需要大小2~3种型号;另一种为手锯(图4-38),尺寸较小,单人单手操作,锯片上焊接铁质手柄。

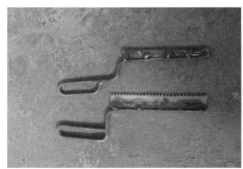

图4-38 手锯以及使用手锯裁切砖

(2)刨子

刨子(图4-39)用于将裁切好的砖刨平。砖瓦匠使用的刨子与木工刨外形相同,由于木工刨在砖上使用损耗太大,因此通常由铁匠打制铁刨子,刨刃由工匠自己打磨。相较于木工刨,铁制刨子的刨刃更薄,对角度没有要求。

图4-39 刨子及使用刨子刨平

3.取平工具

(1)角尺

角尺是直角尺,用于确定砖是否方正。

(2)平尺

平尺用于确定砖的表面是否平直。由于只用于取平不用于测量尺寸,因此工匠们常用一些不易变形的物件代替平尺,如铝型材。

4.画线工具

(1)圆规

圆规是画圆工具,通常为铁制,两端皆为针尖,便于在砖上刻画。

(2)石笔

石笔一端为卵石,另一端为软毛。使用时先用软毛端勾勒出大致的轮廓(相当于起形),然后用卵石端定形,再勾画出具体的轮廓线。以前也用木炭。

(3)画尺

画尺(图4-40)由工匠自制,在木块中心钉一个钉子制成。主要用于确定砖的厚度或确定砖雕边框的宽度。使用时，首先根据边框宽窄调整钉子伸出的长短，接着将木块贴放在砖的一侧，木块与钉子形成丁字尺一般的效果，来回推动木块，利用钉头画线（或称"过线"）。画尺虽然外形简陋，但制作简单、使用便利，是工匠智慧的反映。

图4-40　画尺及使用

5.加工工具

（1）凿子

凿子（图4-41）用于粗加工，其主体部分原为铁质，现在用锋钢锯条代替，端部磨成双面刃口，根据实际需要制作成不同宽度的；手柄为铁质，用于增加质量，便于快速去除砖体多余的部分，留下需要雕刻的部分。

图4-41　凿子及使用

（2）铲子

铲子（图4-42）用于修整轮廓。与凿子非常相似，区别在于铲子的刃口为单面，手柄为木质，质量较轻。工匠通常根据自己的使用习惯制作5~6个不同宽度的铲子，最宽的有3~4厘米。还有一种用于刻画圆弧的小弯铲。

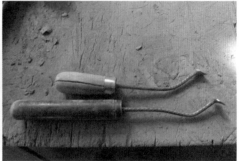

图4-42　铲子及小弯铲

6.雕刻工具

（1）刻刀

刻刀（图4-43）与木工刻刀相似，但刀刃略钝，手柄为木质。工匠通常根据图案需要准备多种尺寸的刻刀，最窄的刃口甚至只有2毫米宽。

（2）吊磨机

吊磨机是现代机械雕刻工具，用于代替刻刀与凿子，提高工作效率。

图4-43　刻刀与使用吊磨机雕刻

五、砖雕工序及技艺

传统的砖雕要经过选料、打磨、裁切与并砖、落图、打空、出细、修补、安装八道工序,在一些现代做法中有时还要上色。

1.选料

选料分三步:一看,二敲,三听。一看,指看颜色。烧制好的砖,每块的颜色略有差异,有的略微偏青,有的略微发黄。选料时尽量选颜色相似的,尤其是用在壁心处的砖要特别注意颜色的统一性。二敲,指用榔头、锤子等器物对砖的表面进行敲击。三听,指观察敲击声。如果声音沉闷,说明砖的内部存在裂缝,雕刻时容易破碎;如果发出清脆的金属声,则是上品。

除了选择质量上乘的砖以外,还要根据装饰对象的尺寸、造型选择规格合适的砖。目前临夏地区用于雕刻的砖有六种规格:30厘米×60厘米×12厘米,30厘米×50厘米×8厘米,33厘米×33厘米×8厘米,24厘米×48厘米×8厘米,24厘米×24厘米×8厘米,18厘米×40厘米×7厘米。尺寸选择得当,可以提高安装速度,减少接缝,避免材料浪费。

2.打磨

打磨亦分两步:第一步是大面积磨平,即将烧好的砖打磨出棱角,且表面大致平整;第二步是用砂纸进一步精修。

大面积磨平有三种方法:第一种方法是用砂轮打磨。由于人的左右手力度不同,通常用一只手做主力手打磨一会儿,再换另一只手继续,以保持左右两边打磨程度一致;各面依次打磨,一边磨一边用尺子测量,直至棱角分明,表面平直。第二种方法是找一块较平整的石板,撒上沙子,将需要打磨的砖在其上推动,技术手法与使用砂轮相似。第三种方法也是在石板上打磨,适用于尺寸较大的砖。将一根较粗的木棒中部去除一部分,卡在砖上,用木楔固定,砖面朝下,两人各握木棒一端,一起用力推动砖面旋转并与石板上的砂子摩擦。这三种方法既耗时又费力,据沈占伟掌尺所言,以前他与妻子两人使用第三种方法磨砖,一天最多能出 10 块砖。现在已用磨砖机代替人工,机器可日夜工作,大大提高了工作效率。

3.裁切与并砖

把磨制好的砖根据造型、厚度的需要裁切好,在地面排列并依次编号。编号方式为层数-位置数(从左至右),例如第一层的第三块砖的编号为 1-3。

4.落图

落图即绘制图案,主要有三种传统方法:第一种是直接在砖上构图,即将设计好的图稿小样直接绘制在砖上,先用石笔的软毛端勾勒出大致轮廓,然后用卵石端定形,画出细致的轮廓线,再用铅笔进一步调整造型,确定最终轮廓线及细部,最后用刻刀将所有线条刻画一遍,以防雕刻过程中线条被抹掉（图 4-44）;第二种与彩绘拓印的方法一样,在与图幅等大的纸上绘制好图案,然后沿着图案轮廓用点燃的香烫出等距的小孔,将纸平铺在砖上,沿着烫好的孔撒上石灰,轻轻取掉纸,图案的大形便留在砖上;第三种是用铅笔在与图幅等大的白纸上绘制好图案,然后在纸上刷一层清油使纸透明,将纸翻面平铺于砖上（有图案的一面朝下）,沿着正面的铅笔印描绘使图案拓印在砖上。后两种方法适用于雕刻重复性图案,可提高效率。现在第二种方法已鲜有使用,第三种方法中的白纸已用复写纸或拷贝纸代替。

落图是砖雕中至关重要的步骤,直接关系到最终效果。通常由绘画功底深厚并且经验丰富的掌尺完成。然而,随着当前获得图样的方

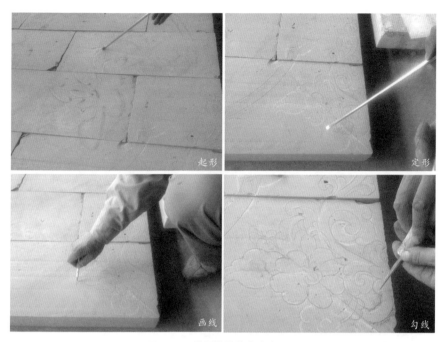

图 4-44 落图的传统方法之一

式更加多元,以及打印技术的发展,新的构图方式诞生了:将由甲方提供的图样或工匠通过网络寻找到的图样素材扩印成与实际图案等大的尺寸,再贴在砖上,直接雕刻(图 4-45)。这种方式省去了构图和勾线的步骤,大大提

图 4-45 将打印好的图案直接贴在砖上

高了工作效率,但也造成了工匠只注重雕功、不注重画功的问题,从而导致真正全能的工匠越来越少。

5.打空

图案绘制好后,可由工匠每人选择一些砖分别进行雕刻。雕刻的第一步为打空,即去除图案中多余的部分,使图案轮廓显现出来,也称"粗加工"。为方便铲除,工匠通常先在多余(空白)处钻一些小孔(又称"打眼子"),然后用吊磨机和凿子进行铲除(图4-46)。钻头上需事先标记孔洞的深度。现在通常使用电钻打孔。

这一步的要点是下手力度要重,在较短时间内做出大轮廓,为下一步的精细雕刻争取时间。

图4-46 打好的眼子与用吊磨机铲除多余的部分

6.出细

出细,即细加工。首先用铲子把图案的轮廓修整清晰,然后用刻刀将图案细部的线条(如叶脉、花心、毛发等)勾勒出来,并进一步完善轮廓,完成整体雕刻(图4-47)。

具体到刀法,工匠们有一句口诀:"底子平整,线条流畅,见里不见外,见外不见里。""底子平整"指衬托图案的底板要铲平,安装时砖雕之间的接缝要打磨平整;"线条流畅"指运刀果断、一笔到位,切忌反复刻画;并且运刀要有轻重缓急,切忌一点一点地磨线条;"见里不见外,见外不见里"指刻画要到位。例如,雕刻一朵盛开的花,刻画的重点是花朵内部的结构,即为"见里",需要将花瓣背面斜着向内铲除多一点,只留少部分相连,使人从各个角度都看不到厚厚的侧壁;如

图 4-47 用铲子修整轮廓与勾线

刻画容器,刻画重点是器型外观,即为"见外",但需将器物中空的状态也表现出来。

7.修补

砖体表面会存在一些气孔(工匠称"蜂窝"或"砂眼"),影响美观。传统做法中,对于较大的气孔,会找颜色相近的砖镶嵌进去,再打磨平整。现在常用砖灰加白乳胶或胶水调和成泥状进行修补,干后用砂纸打磨平整(图4-48)。

图 4-48 修补"蜂窝"

8.安装

雕刻好的砖雕按照下厚上薄的顺序装箱(为防止磕碰,每块砖之间需用纸板隔开),打包后运送到施工现场。安装前先按照编号将砖雕依次放入水池中浸泡 0.5~1 小时,泡透后便可安装。

"七分雕刻,三分安装。"安装是非常重要的一道工序,砖缝的平、直、粗、细,直接关系到砖雕的最终效果。安装砖雕的传统做法是在砌筑好的土坯墙外直接砌筑砖雕,做法同砖裱墙工艺。此法的优点是砖雕与墙体之间有纵向拉结,安装比较牢固;缺

图4-49　用梅花钉安装砖雕的传统做法

点是砖雕表面会露出梅花钉,在一定程度上破坏了图案的完整性与美感(图4-49)。尺寸较大、较厚的砖雕也可以不用梅花钉,而是用糯米灰浆将砖雕直接"贴"在土坯墙上,砌好后将砖缝、裂缝勾抿平整(图4-50)。这种做法的优点是整个砖雕浑然一体,而且由于砖本身的质量较大,减少了脱落的风险。

图4-50　临夏八坊北寺影壁上的《墨龙三显》

9.上色

传统砖雕一般不上色,保持砖的本色,称"清水活"。安装好的砖雕

通常会出现返碱现象,在砖体表面出现类似霜一样的白色结晶。现在人们为追求表面干净、整洁,通常会使用上色的方法防止返碱:安装后一周左右(夏天3天左右)用气泵把表面返出的碱吹掉,然后用乳胶漆加墨汁调和成砖灰色,用气泵均匀喷色。此法既能防止返碱,又能掩盖砖之间的色差及勾缝的缺陷,使砖雕整体颜色统一,更加美观,因而在新建筑上使用较多。

修缮传统砖雕时也需要进行上色处理。年代久远的砖雕会因风吹、日晒、返碱、落土而表面泛黄,修缮时为了保持整体美感,工匠通常通过上色的方式进行做旧处理。

六、砖雕技艺在现代的变化

1.雕刻技艺的变化

随着工具、材料的改良,砖雕工匠培养模式的改变,应用场景的拓展,以及人们审美情趣的变化,临夏砖雕技艺发生了巨大的改变,表现手法由写意变为写实。

以前的砖雕主要应用于寺庙、拱北及大户人家的宅邸,普通百姓家用得很少。受服务对象审美情趣的影响,砖雕追求较高的艺术品位。彼时的砖雕匠师画功高超、具有较高的艺术品位,他们或自己创作或直接采用优秀的绘画作品作为雕刻蓝本,使砖雕呈现出气韵生动的文人画效果。改革开放后,临夏砖雕的组织模式开始了产业化转型,各种砖雕公司先后成立,以员工制代替了之前的师徒制,聘请老的砖雕匠师对员工进行培训,培养了大批雕刻技师,砖雕的产量大大提高,价格更加亲民。随着人民生活水平的提高,砖雕走入了寻常百姓的宅院,世俗的审美成为砖雕技艺的主流标准。相较于着重表现神韵的文人画,百姓更倾向于写实的表现手法,追求形的相似、逼真以及华丽的装饰效果。一方面,匠师的创作需要迎合大众的审美趣味;另一方面,公司制的培养模式更注重雕刻技能的培训,忽略了艺术修养的培养,是一种技工式教育。工匠大多没有经过绘画训练,他们无法超越前人的艺术水平,只能在技术上寻找突破。因此,工匠开始追求写实的表现手法,注重枝条穿插关系、花叶卷翘幅度的表现,雕刻的层次更丰富,构图更饱满,线条更细密,使现代砖雕呈现出与以往截然不同的热闹、华丽、繁复的装饰感(图4-51)。

图4-51 省级非物质文化遗产项目代表性
传承人沈占伟创作的砖雕《淡泊》

工具与材料的进步也为技艺的发展提供了客观条件。以前的工具为铁匠打制,锋利程度远低于现在用锋钢锯条制作的工具,精良的工具有利于更加细致的刻画。随着烧制技术的提高,为了便于雕刻和安装,砖变大、变厚,更加有利于表现丰富的层次。以东公馆(1938年动工,1945年建成)为例,砖雕的尺寸为30厘米×30厘米×6厘米,是目前已知的新中国成立前最大的尺寸,雕刻最深处约4厘米。现代砖的厚度可达12厘米,雕刻深度可达10厘米。

2.安装方式的变化

安装方式的变化与建筑材料、计费方式、施工组织模式的改变密切相关。

首先,由于现在的建筑多用红砖墙,很少砌筑土坯墙,砖雕的安装方式也随之改变。一种方法是:砖雕与红砖墙同时砌筑,在砖雕底部打孔,砌砖墙时在其中砌一段铁丝,铁丝的一部分伸出来插入砖雕的孔中进行拉结;砖墙与砖雕之间留出一定的缝隙(宽0.5~1厘米),灌入水泥砂浆。因需要在砖雕底部打孔,故这种方式比较费工。现在多省去压铁丝的步骤,红砖墙砌筑好后,直接使用水泥砂浆在砖墙外部安装砖雕。为防止砖雕受潮脱落,常在底层砖雕下放条石隔潮(图4-52)。近些年,工匠发明了一种更加简便的安装方式:在砖雕没有花纹的地方预先打孔,用一种特制的膨胀螺丝进行安装。这种膨胀螺丝为平顶螺丝,安好后用砖灰调乳胶漆抹平,使整个砖雕浑然一体。八坊十三巷新做的砖雕大多采用这种安装方式。

图4-52　在红砖墙外直接安装砖雕,底层放条石隔潮

　　其次,是计费方式发生了变化。传统的安装方式使用糯米灰浆做黏合剂,团队中有专门负责安装的工匠。他们根据自己的经验控制灰浆的黏稠度及涂抹的厚度,对砖缝的宽窄有非常高的要求,通常控制在2~3毫米,称"丝缝",4~5毫米的称"香头缝"。安装好后,工匠会用抹布将整面砖雕擦拭一遍,让漂亮的丝缝清晰地显现出来,并对一些花纹的衔接处进行打磨,使其形成完美的连接。与木雕一样,传统的砖雕计费方式也是按日计费,当地人称"开日工资",因此无论是负责雕刻的匠师还是负责安装的匠师,都会不遗余力地做到最好。如果安装的

效果自己不满意,还会拆除重新安装。由于现在计费方式变为按雕刻的工程量总体报价,缩短安装工期意味着收益的提高,人们开始不在安装上花费过多精力和时间。

此外,现在的工匠组织模式也发生了很大的变化。传统的砖雕队伍有固定的雕刻匠师和安装匠师,他们往往沾亲带故,形成稳定的团队关系。现在的砖雕组织实行公司制,公司将主要精力放在培养雕刻师上,安装工匠的薪酬远远低于雕刻师。因此,安装工匠为了糊口,往往不依附于某个公司,而是跟随工程项目流动,人员变动大,导致公司不愿花费专门的精力和金钱培养安装工匠,产生优秀的雕刻师好找,优秀的安装工匠难寻的现象。此外,为了方便快捷,现在的黏合剂变为水泥砂浆,没有糯米灰浆的质感细腻。这些因素导致了现在的安装工艺大不如从前,大部分砖雕远观气派,近看粗糙。

近年来,随着资本原始积累的完成,已有一些公司开始将注意力转向安装质量的提升,逐步恢复古法,取得了一定的成效。

3.题材的变化

与木雕匠师一样,砖雕匠师也极富创造力。他们在汉族吉祥纹样的基础上吸收回族、藏族的纹饰,并借鉴文人画的艺术表达手法,创造出丰富多彩的题材。在被称为"临夏砖雕博览园"的东公馆,共有198幅砖雕,每一幅都生动传神,无一重复。

当代匠师一方面继承了传统图案,另一方面随着砖雕应用领域的扩大,他们也与时俱进,根据不同应用场景创作出许多新题材。一些匠师借鉴徽派、晋派、京派等其他派系的砖雕题材和技法,进行人物雕刻的探索,他们不仅研习"八仙过海"等传统人物故事题材的雕刻方法,还将其应用于表现当代市井生活或手工艺品制作场景,使人物故事和地方民俗成为当代临夏砖雕的一种新题材,八坊十三巷中街巷两侧展示临夏州非物质文化遗产制作流程的砖雕壁画是此类题材的代表。也有一些匠师借鉴现代浮雕壁画的设计手法,将现实题材与传统吉祥图案相结合,创造出带有鲜明主题的砖雕作品(图4-53)。例如,沈占伟为"中俄地方合作交流年"创作了砖雕《中俄友谊》。此外,绽学仁、穆永璐等砖雕大师以临夏当代画家表现当代河州自然风光的作品为蓝本,为红园广场创作的大型系列壁画,既沿袭了临夏砖雕以名家画作为蓝本的创作传统,又在题材上进行了创新,是在传统中创新的典范。

《中俄友谊》

《河州手工地毯织造技艺》

图4-53　创新题材砖雕作品

4.材料的变化

改革开放之后,临夏砖雕迎来了一个新的发展高潮。然而,在当时的市场经济环境下,烧制砖需要的较高成本以及较长周期,在一定程度上制约了它的发展。面对旺盛的市场需求,工匠们利用水泥与砖颜色相似的特点,大胆尝试用水泥雕仿制砖雕效果。

水泥雕的制作方法:首先在墙面涂抹一定厚度的水泥,涂抹大致平整后晾至半干;然后用刻刀把图案的轮廓勾勒出来,并用铲子将空白处铲除,使主体突出,形成主次层次;接着如同作画一般,用刻刀充当画笔开始一步步细致刻画,在水泥变硬凝固前完成整体创作。受水泥凝固时间的限制,创作时间不宜太长,这就要求匠师有极高超的画功和雕功,在创作之前胸有成竹,整个创作过程才能如行云流水,一气呵成。因此,水泥雕的作品往往刀法概括、简练,画面大气、粗豪,观之一种畅快之感油然而生，而且少了砖之间的接缝，整体感极佳。老拱北(榆巴巴拱北)中的水泥雕影壁(图4-54)是其中的精品。遗憾的是，如今随着老工匠的谢世，水泥雕已渐渐淡出砖雕市场。

5.砖雕衍生品大量出现

作为河州传统建筑的重要装饰形式，砖雕一直深受当地人的喜爱。改革开

图4-54 临夏老拱北的水泥雕影壁

放以来，随着人民生活水平的提高，砖雕行业的不断发展，以及政府的大力推广，砖雕艺术越来越受到普通百姓的青睐，并逐步走出河州，走向全国。面对旺盛的市场需求，为使建筑砖雕与百姓日常生活产生更紧密的联系，砖雕匠师纷纷开动脑筋，砖雕公司也为降低砖雕价格而在新技术上展开探索，大量砖雕衍生品层出不穷。它们以低廉的价格和材质优势走进大众的生活，也从室外走进室内，从公共建筑走进民宅，使普通百姓也可以享受砖雕给生活增添的美感，从而对砖雕文化的传播与普及起到了促进作用。

（1）砖雕工艺品

临夏砖雕每一幅都独自成画，匠师们利用这个特点，将其"微缩"成工艺品摆件、挂件，使其在室内装饰中发挥更大的作用，并成为临夏旅游的一张名片。

砖雕工艺品的出现，既大大促进了临夏砖雕文化的传播，又对当地经济的发展起到了重要的推动作用。此外，雕刻大幅砖雕不仅需要技术还需要力气，因此以前的匠师均为男性；砖雕工艺品的出现给女性提供了学习砖雕的机会，也为解决当地就业问题提供了新的途径。

（2）水泥翻模制品

砖雕工艺品虽然深受大众喜爱，但手工雕刻产生的较高价格也让

许多人望而却步,尤其是名家作品更是天价。为了进一步拓宽市场,砖雕公司纷纷在降低制作成本、提高生产效率方面展开探索,水泥翻模工艺应运而生。

水泥翻模工艺首先使用石膏雕刻模型,之后浇入硅胶形成模具(为防止浇注硅胶时石膏模型受压变形,需在其四周用木板或金属板加以固定)(图4-55)。在模具中灌入水泥,用小木棍垂直向下连续戳动使水泥中的空气排出,以减少砂眼;尺寸比较大的模具用平板振动器排出空气(图4-56)。最后将水泥表面抹平,晾干,脱模,即可完成。

图4-55 制作硅胶模具　　　　　图4-56 注入水泥并排出空气

水泥翻模制品有许多优点:第一,成品与砖雕非常相似,但是价格较低,容易推广。第二,模型均由高级匠师雕刻,品质有保障。第三,水泥的质地更细腻,成品表面砂眼较少,显得更加精致。第四,它可以不受面积制约,既可以做小型工艺品,又可以做大型影壁。既可以做得比较大,以减少接缝;也可以做得和普通砖一样大,形成更为逼真的仿砖雕效果。第五,不易碎,便于远距离运输。第六,模具可以批量生产、反复使用(每个模具能用 5~6 次),大大降低了成本,提高了生产效率。公司可以根据成品的受欢迎程度有选择地制作模具,有利于保证资金的良性循环。

(3)PU 仿砖雕

PU 是英文 polyurethane 的缩写,指聚氨酯,是一种高分子化合物,具有质轻、隔音、绝热性能优越、耐化学药品、电性能好、易加工、吸水率低的特点。近年来一些砖雕公司利用翻模技术将 PU 材料应用于仿砖雕,极大地拓展了制品一样,具有砖雕艺术的应用领域。

除了与水泥翻模制品一样,具有运输方便、成品精致、可批量化生产等优点以外,PU 仿砖雕(图 4-57)还有许多独特的优点:首先,PU 材料可以调和成非常接近砖雕的颜色,成品与砖雕相似度很高;其次,PU 仿砖雕质量比较轻,导热系数低,是很安全的建筑材料,既可以应用于大面积的室外展示及公共建筑的室内装饰,也可用于小面积的家庭装修;最后,它价格便宜,装饰效果好,易被大众接受。

图 4-57　应用在室内的 PU 仿砖雕

第五节
脊饰制作技艺

| 一、脊饰的类型 |

1.花脊

河州传统建筑中的屋脊大多用花砖装饰,故称花砖为"花脊"(图4-58),主要分为透花脊和印版脊。透花脊的花纹是镂空花纹,玲珑剔透,虚实结合,使屋顶显得轻巧美观,而且可以起到减轻风阻和屋脊压力的作用;印版脊的花纹为印刻或印刻结合捏塑而成的花纹,不镂空,同样具有很强的装饰性,使建筑显得沉稳大气。两种花脊又分别具有多种样式的装饰花纹,以花卉纹、卷草纹居多。花纹不同,花脊名亦不同,如牡丹纹的花脊称"牡丹花脊",卷草纹的花脊称"叶子花脊"。

图4-58 各种花脊

159

各种花脊灵活组合,呈现出千姿百态的装饰效果。有时透花脊与印版脊分别使用;有时两者搭配,正脊用透花脊,垂脊和戗脊用印版脊(图4-59);或在一条脊上两者交替安排,抑或各种不同花纹的花脊交替使用。清真寺、拱北等有高耸屋脊的建筑有时还会在正脊做两层花脊(图4-60)。无论是民居还是寺庙、拱北的花脊,大多为素烧,不施釉,从而使建筑呈现出古朴的美感。

图4-59　正脊使用透花脊,垂脊使用印版脊

图4-60　临夏大拱北大门正脊的双层花脊,角帽为反飞脊

2.脊兽

河州传统建筑中脊兽的位置、功能与传统官式做法中的相似,但造型极具地方特色。大的类型可分为开口兽和闭口兽两种。开口兽指动物造型的各种脊兽,如龙、狮子、麒麟等;闭口兽指植物纹和云纹的脊兽,如白菜兽、梅花兽、斜云兽等(图4-61)。脊兽中最常见的当属"三把鬃"和"五把鬃"。它们原为开口兽,形似龙头,嘴巴大张,吐出卷曲的舌头,头顶长出长而卷曲的鬃毛,有三根鬃毛的称"三把鬃",有五根鬃毛的为"五把鬃"(图4-62);当它们的嘴巴幻化成云头,鬃毛幻化成枝叶时,即为闭口兽。

图4-61　白菜兽、梅花兽、斜云兽

图4-62　开口兽五把鬃和闭口兽五把鬃

与官式建筑一样,河州传统建筑的脊兽也分等级。五把鬃的等级最高,其次为三把鬃,其他闭口兽的等级最低。通常正脊两端的脊兽为五把鬃或三把鬃,若正脊放置五把鬃,则垂脊端部放三把鬃,戗脊常分成 2~3 段,最上面一段放闭口兽,其余各段安装猫头(图 4-63)。若建筑等级高,可在垂脊与戗脊脊兽后增加 1~2 只闭口兽(也有一些建筑用小狮子代替戗脊的闭口兽)。

图 4-63　正脊脊兽为五把鬃,垂脊为三把鬃,戗脊为闭口兽、猫头

3.脊刹与装饰性脊兽

一些高等级的宗教建筑的正脊除了安置吻兽外,还要在中央安置脊刹以及其他装饰性的脊兽。汉族寺庙的脊刹通常为宝瓶,两边各有一只闭口兽做衬托(图4-64);高等级的寺庙正脊两侧还有一对龙或麒麟,其后有时增加一只闭口兽作为装饰。龙有卧龙、跑龙两种形式,卧龙体态安静,跑龙充满动感并配有云纹,似在云中穿梭。麒麟亦分端头麒麟和偏头麒麟两种。端头麒麟又称火麒麟,头部向前,与身体方向一致,用于高等级的寺庙,起震慑作用;偏头麒麟的头部望向大门,用于村庄内部的寺庙,有送子送福的寓意。民居的脊刹还常用天宫楼阁(被称为"子牙楼"),取仙人喜楼居之意。

图 4-64 永靖普音寺脊兽

（正脊吻兽为五把鬃,脊刹为宝瓶加白菜兽,垂脊为三把鬃,戗脊为梅花兽、龙头角帽）

清真寺的脊刹也用宝瓶和楼阁,但与汉式规制不同。汉式宝瓶通常为3~4层,回式有5~7层,更加高耸,回式楼阁多为穹顶的建筑样式（图4-65）。

图 4-65 国拱北的楼阁脊刹

4.角帽

河州传统建筑的翼角要在角帽桩上安装套兽,俗称角帽。角帽的种类不如其他两类脊饰多样,常见的仅有四种,但每种角帽不同工匠所做的造型也不一样。第一种是龙头角帽(图 4-64、图 4-65),龙头造型,沿着翼角方向向外伸出,常用于汉族寺庙。第二种是牡丹角帽(图 4-66),造型纤细,上挑之后又向外伸出,使建筑显得秀气、灵动,向下的面及两侧均雕刻有牡丹花,端部也顶着一朵盛开的牡丹,带给人良好的视觉体验。牡丹角帽一般用于清真寺,也可用于汉族寺庙。第三种是反飞脊(图 4-60),云纹造型,朝天空方向上卷起翘,加强了翼角上翘的态势,使建筑显得更加轻盈,常用于民居和清真寺。第四种是三星脊头,为简单的喇叭状造型,尺寸较小,其上雕刻梅花,常用于民居。

图 4-66 正脊吻兽为五把鬃,中心为宝瓶加白菜兽,垂脊为五把鬃,戗脊为斜云兽、牡丹角帽

二、脊饰的艺术特征

1.装饰性强

与砖雕一样,受伊斯兰艺术注重象征性与装饰性的影响,脊饰也表现出浓郁的装饰性。脊饰的装饰性首先体现在繁多的种类上。除了正脊的吻兽和檐角的小兽以外,还有脊刹、角帽、各式各样的花脊,以

及装饰性脊兽,它们之间不同的排列组合,使屋顶呈现出丰富的变化及千姿百态的装饰效果。其次,脊兽的造型张扬。开口兽嘴张到极致,舌头极力外伸,鬃毛根根直立,端部向前或向后卷曲,极具张力;闭口兽的枝叶向不同方向伸展、卷曲,轮廓灵动。花脊的花纹细密,小巧精致。脊兽与花脊一动一静,一张扬一内敛,使屋脊整体得到装饰,产生良好的视觉效果。

2.风格古朴

与其他地区不同,临夏地区的脊饰大多为素烧,不施釉,与当地青砖、青瓦、木结构的建筑相得益彰,呈现出古朴、沉稳的建筑风格。虽然也有施釉的做法,但相较于其他派系的做法,临夏地区脊兽的颜色较为单一,以青、黄两色为主,青色居多,多做"琉璃剪边"效果,与青瓦的色彩对比较为含蓄,黄色仅做局部点缀,建筑整体仍呈现出古拙、朴实的气质(图4-60)。

3.以植物题材为主

官式建筑的脊兽多为动物题材,我国南方一些派系还有自然山水、传说故事等题材[1],而临夏地区的脊饰以植物题材居多。无论是花脊、脊兽还是角帽,多为白菜、梅花、牡丹等植物的变体纹,动物题材仅三把鬃、五把鬃、麒麟、龙等少数几种。

三、脊饰的制作工具

与其他匠作一样,脊饰的制作工具大部分为工匠自制,共有过筛工具、铲泥工具、捏塑工具三大类。

---

[1] 例如岭南地区的脊饰有民间传说、历史故事、当地的自然山水和鸟兽、植物等题材。

1.过筛工具

（1）木榔头、铁锹、纱床

三者通常在过筛环节搭配使用，先用木榔头把板结的土块敲碎，再用铁锹铲土在纱床上过筛。其中，木榔头为自制。

（2）磨土机

磨土机用于将土磨细，其效率比用传统方法大大提高。

2.铲泥工具

（1）泥铲

泥铲（图4-67）用于将磨好的泥铲到工作台上以便和泥。泥铲的柄为木柄，铲头为铁制，呈三叉状，端部有细铁丝相连。

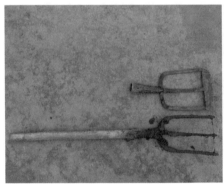

图4-67　泥铲及泥铲的使用

（2）弓

弓（图4-68）用于从工作台挖取和好的泥进行捏塑，或从模具上刮除多余的泥。弓为铁制，因形似射箭的弓而得名。

图 4-68 弓及弓的使用

3.捏塑工具

此类工具(图 4-69)种类最多,主要在捏塑、造型环节使用。

(1)拍板

拍板用于拍平泥坯表面或拍打修饰泥坯造型。木制,板面约 50 厘米长,手柄较短。

(2)弯刀

弯刀用于将坯体表面打毛,以便与其他组件粘接。

(3)杀花板

杀花板是制作花瓣的木板。端部呈圆弧状,两侧带有一定的斜度,有手柄。使用时先用端部成一定角度按压出花瓣形状和斜度,再用两侧开出花瓣外轮廓的造型,用手蘸水将花瓣洗光后,用画笔画出其内部纹理。

图 4-69 从左至右依次为拍板、弯刀、杀花板(左三至左六)、尾锥、画笔

(4)尾锥

尾锥用于在花脊两侧钻孔,以便安装时穿铁丝。

（5）画笔

画笔为木笔,一端为斜面,一端为尖头,斜面一端的用法与杀花板类似,尖头一端用于刻画细部纹理。

（6）切刀

切刀主要用于切割泥、泥坯或将尺寸较大的脊兽分割成几部分以便烧制、运输,有长短不同的几种,适用于不同体积的泥坯。

（7）木敲手

木敲手常用树根制作,使用时木敲手均匀敲击切刀刀背以辅助切割。

（8）刷子

刷子用于刷洗脊饰表面,使之光滑、美观。

（9）标尺

脊饰的尺寸与砖对应,相对固定,因此自制的标尺通常在两边标出两种常用尺寸:一边为等距的 6 厘米,另一边是等距的 7 厘米,两格长度之和恰为一块砖的厚度。

（10）刻刀

刻刀与砖雕刻刀相同,用于刻制模具。

（11）转盘

转盘是可以旋转的石制圆盘,方便一边转动一边对脊饰的各个面进行修饰。其有两种形式:一种表面为平面;一种表面为凹陷的半球状,方便放置宝瓶等圆形脊饰(图 4-70)。

图 4-70　两种转盘

四、脊饰的制作工序及技艺

传统脊饰的制作集制泥、捏塑、烧制于一体。在最初选择制作基地时,便要选有土壤资源便于取材,并且远离生活区便于烧窑的地方。整个制作过程需要经过选土、过筛、磨泥、捏塑、阴干、烧制六道工序,每道工序又有若干步骤,缺一不可。选土、过筛、磨泥、阴干、烧制这五步与制作砖瓦的步骤一样,区别在于磨泥时需加入适量毛发、棉花起拉结作用①,以增强泥土的韧性,方便塑形。这里仅对核心的捏塑技艺进行阐释。

捏塑前需要先揉泥,即根据脊饰的体积铲取适量泥放在工作台上,反复揉搓,使其表面光滑并加强其韧性。泥揉好后就进入塑形的环节。塑形有三种方式,第一种是用模具压制,手工合成;第二种是先用模具压出主体部分,再在其基础上捏塑造型;第三种是纯手工捏塑。

1.模具法

模具法适用于制作花脊和瓦,主要通过模具压塑出形状和花纹。制作花脊有两个主要步骤,一是分别制作两片单面花脊,二是将两者粘起来。花脊有两种,一种是斜口的,粘贴时使用一种三角形泥条;另一种是方口的,即上下一样宽。

(1)斜口花脊的制作方法

首先,制作单面花脊。具体工序是:第一,在案台上揉泥,将泥揉光并根据模具的形状将其揉成椭圆体或圆球,再用脚踩平成与模具厚度相似的泥饼。模具(图4-71)是事先用石膏雕好

图4-71 石膏花脊模具

---

① 为节约成本,工匠常常选购制毯厂的羊毛废料;使用棉花的成本较高,除非甲方有特殊要求,否则很少使用。

的(以前是烧制的模具)。第二,在模具内里撒入一些炭灰以方便脱模,然后把揉好的泥饼放入模具,用脚踩实、踩平,尤其是边缘和四角要踩实,以使花纹更细致、突出。第三,用木质刮板把溢出的泥刮掉,翻转模具将印好的泥坯倒出,晾干。晾干方式最好是阴干,不能暴晒,否则烧制时泥坯容易炸裂。太阳不大时可以露天晾晒,太阳大时需要用遮阳瓦遮盖,下雨时用塑料布遮盖。第四,此时做出来的泥坯还比较粗糙,待其半干时用猪鬃刷蘸黄土调成的泥水对其整体进行刷洗,使泥的表面变得光滑细腻,之后继续晾干。参见图4-72。

铲泥　　　　　　　　揉泥　　　　　　　　撒炭灰

踩实　　　　　刮去多余的泥　　　　倒出、晾干

图4-72　用模具压制单面花脊

接着,制作用于粘接两片花脊的三角形泥条。具体工序是:第一,用方模具做出方形泥坯,在案台上用拍板拍泥坯使其平整,用弯刀把边缘裁切整齐。第二,将两块泥坯叠放在一起,用标尺和弯刀标出裁切位置。第三,用切刀沿裁切线将泥坯先切成长方形,然后沿长方形对角线裁切成三角形泥条,切时用木槌敲打切刀。第四,把三角形泥条斜边向下排列整齐,先用拍板将表面(直角边)拍平,然后用弯刀将其打毛,

称"打阴影"。第五,将泥条斜边也打毛。第六,在做好的泥条上洒上水,防止其变干变硬。参见图4-73。

方形泥坯	拍平	切齐
一分为二	标出裁切位置	裁切三角形泥条
拍平	打毛	做好的泥条

图4-73　做泥条

最后,将两片花脊粘在一起。具体工序是:第一,用水将已经晾干的花脊打湿。第二,手持弯刀,左右或上下扭动,将花脊背面左、右、上三边打毛。第三,在打毛处涂上一层厚厚的湿泥,用手指关节戳成波浪状以便于粘接。第四,在花脊左右两边放三角形泥条(底边朝下),用手压实。第五,在泥条上再挤一层泥,用手将两边压实、抹平,并用一个自制的铝制角尺将底边找平。第六,把另一片花脊用同样的方式打毛、打湿,将两片花脊粘贴在一起,压实;用手把四周粘贴部分抹平,并从底部伸入一块木板将两侧粘接部分拍实。第七,用尾锥在两侧泥条上钻孔,以便于安装。第八,用清水和刷子把多余的泥洗掉、刷光,将花脊晾干。第九,晾干后的花脊用猪鬃刷蘸泥水刷洗两边,将裂缝填补起来。第十,将花脊晾干,摞好,等待入窑。参见图4-74。

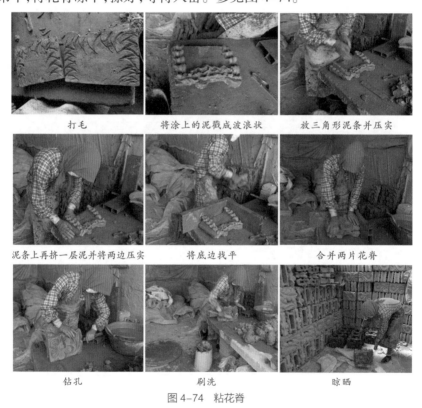

打毛　　　　　　将涂上的泥戳成波浪状　　　　放三角形泥条并压实

泥条上再挤一层泥并将两边压实　　　将底边找平　　　　合并两片花脊

钻孔　　　　　　　　刷洗　　　　　　　　晾晒

图4-74　粘花脊

(2)方口花脊的制作方法

制作方口花脊需要三块模具,一块是压制花纹的主模具,一块是花纹与主模呈"镜像"但比其薄的附模,还有一块是用于控制花脊厚度的外范。制作步骤如下:第一,用主模具按制作单片花脊的方法压好第一片花脊,不脱模,直接再涂抹一层湿泥,使中间的泥略高出模具,轮廓部分的泥与模具齐平,以便合入外范。第二,用同样的方法做好附模。第三,在主模上放入外范(外范比模具轮廓小一圈),沿其轮廓填泥形成外厚中空的形态,捏两根泥钉粘在中间,泥钉高度与轮廓相同。第四,将做好的附模合在外范上,用力压实,使两片花脊合在一起。第五,目前两片花脊仅靠上、中、下三边及中间的两根泥钉连接,此时在其底部塞入一些泥,用手压实,并在中间位置增加一根泥钉,将底部多余的泥刮去。第六,脱模。先取下附模,将剩余部分整体搬到晾花脊的位置,底部朝下,小心取下外范,最后脱去主模。参见图4-75。

将泥踩入主模

在主模内填涂一层同样湿度的泥

中间的泥略高出模具,轮廓与模具齐平

放入外范

捏泥钉

粘泥钉

合附模于外范

在底部塞泥

在底部中间处做一根泥钉

图4-75 方口花脊的制作流程

刮去底部多余的泥　　　　取下附模　　　　取下外范并脱去主模

图4-75　方口花脊的制作流程(续)

与其他匠作不同,制作花脊不需要花费太大的力气,因此常由女性制作,每人每天能做几十个。

2.模具法与手工捏塑结合

模具法与手工捏塑相结合的方式适用于制作脊兽（龙与麒麟除外）。脊兽的下半部分造型固定,通常按方口花脊的制作方法用模具制作而成;上半部分枝叶的轮廓变化较大,一些部分比较纤细,不适合用模具制作,常用手工捏塑出来,再与下半部分黏合。上下部分的黏合看似简单,但能否粘牢固非常考验手艺。一方面,两部分的干湿程度要差不多,否则收缩度不一样容易粘不牢;另一方面,手的力度要把握好。这两方面缺一不可,靠的是长时间的磨炼。

用这种方法制作出来的脊兽,下半部分整齐划一,上半部分每个略有不同,比较生动。制作步骤:第一,用模具脱出脊兽的下半部分,晾至半干(工匠术语"半肉干")。第二,将其顶部用弯刀打毛,用水打湿并涂抹一层湿泥。第三,捏塑出上半部分枝叶的大致造型,与下半部分黏合。第四,用画笔细致刻画出上半部分的造型。第五,晾晒。参见图4-76。

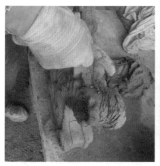

用模具做出脊兽的下半部分
并将顶部打毛 　　　　　用水打湿顶部 　　　　　在顶部涂抹一层湿泥

捏塑出上半部分枝叶的大致造型 　　将上、下两部分黏合 　　　　刻画枝叶的造型

图4-76　模具法与手工捏塑结合

3.纯手工捏塑

纯手工捏塑的方式主要用于轮廓变化较多,不易用模具制作的龙和麒麟。下面以龙身的捏塑为例介绍其步骤。首先,捏塑出龙身的大致造型,晾硬(不是完全干,用手感觉硬实、能够吃劲即可),此时龙的身体还比较纤细;接着,在第一层身体外补糊一层泥使之丰满起来,再次晾硬;然后,再补糊一层泥,开始捏塑龙脊、爪子、尾巴并与身体连接;最后,趁身体的泥软时用罐子口抠出鳞片,用画笔刻画出细部的纹理,龙身便捏塑成型(图4-77)。由于龙身体积较大,不便于烧制、运输和安装,因此通常在做好后将其切割成若干块,烧制好后编上号,再进行

安装。

　　需要说明的是，与其他工种不同，做脊饰的匠师通常不负责安装，而是由瓦工在铺设屋面时进行安装。以前匠师会提供安装图，现在为了省事，通常事先在地上按照设计将各部件摆放好，拍成照片交给前来拉运的工人。一些比较复杂的脊兽，如龙则需要给各部位编号，以免出错。

捏塑出龙身

涂泥使之丰满

再补一层泥并细化完成

图4-77　捏塑龙身的过程（图片来源：海世祥）

第五章 油漆彩画作营造技艺

第一节
油 漆 技 艺

　　永靖古建筑油漆技艺有两种做法，一种做油漆彩画，有地仗层，称"混水活"；另一种仅施清油，不做彩画，称"靠色活"或"本色活"。寺庙、拱北等高等级的建筑通常做混水活。受经济条件限制，民居建筑通常不施彩画，有时为使木料寿命长久，在其表面刷涂两层桐油（现为清漆）进行保护，这是最简单的靠色活。此外，还有一些用料精良、木作精细的建筑也做靠色活，略施薄色，显出清晰的木纹和精细的做工，从而使建筑整体呈现出古朴、典雅、庄严的效果。这种靠色活也被工匠称为"最高等级的活"，但由于对木作和油漆作的要求较高，做得比较少。

│ 一、油漆作和彩画作的工具 │

　　油漆作和彩画作使用的工具基本相同，故将二者一起讨论。相较于其他工艺，油漆彩画工艺所用的工具较少，也较为简单，目前大部分是购买现成的，仅高粉筒和拍谱子用的粉包为自制。

1.清理工具

（1）铲子

铲子有不同尺寸的多个，用于铲除木构表面糟朽部分、结疤、木皮等，以及铲除布或麻纸上的颗粒，也用于铲取泥子（也作腻子）。

（2）刷子

刷子用于刷除木构表面的灰尘或打磨出的粉尘。

2.地仗工具

（1）灰刀

灰刀用于刮泥子。

（2）砂纸

砂纸用于将干透的泥子层打磨平整,有粗砂纸和细砂纸两种。先用粗砂纸打磨,后用细砂纸打磨。现在为了节省工时,大面积的地方常用手提式打磨机进行打磨。

（3）裁纸刀

裁纸刀用于裁去多余的布。

（4）气钉枪

为了使布包裹结实,现在常在布裹好之后用气钉枪沿着布的边缘打一排钉子进行固定。

（5）纱网

纱网用于过滤调制好的颜料或糨糊。

3.刷油工具

（1）油漆刷

油漆刷用于刷涂清漆或油色。

（2）喷枪

喷枪用于代替油漆刷喷涂大面积颜色。

4.彩绘工具

（1）画笔

画笔主要有打底稿的铅笔,大面积上色的排刷,上色(装色)用的水彩笔、油画笔,以及绘制枋心(当地称"堂子"或"洞洞")用的毛笔,共五种,每种又有几种不同的型号以用于不同面积。

(2)靠尺

靠尺即直尺,用于上色时辅助绘制直线。为使用方便,工匠常用铝型材或加工好的木条代替直尺(铝型材和木条有一定厚度,便于手握)。

(3)小瓷碗

小瓷碗用于调制、盛放颜料。现在为了方便,也常用一次性杯子或者剪去瓶口部分的饮料瓶代替。

(4)牛皮纸

牛皮纸用于绘制谱子,绘制好后在谱子上用香头均匀烫出小孔以便落图。

(5)粉包

粉包用于拍谱子,用棉纱布制成,内盛群青与大白粉混合成的粉末。永靖彩画以蓝、绿为主色,使用石青色拍的谱子容易被覆盖。

(6)高粉筒

高粉筒(图5-1)用于沥粉(当地称"起高粉"),由粉筒子和粉尖子两部分组成。粉筒子用于盛放调制好的高粉,以前用结实、有弹性的动物尿泡制作,现在多用橡胶手套或塑料袋代替;粉尖子套在粉筒子上,用铁皮卷制而成。使用时挤压粉筒子,高粉即可从粉尖子流出。

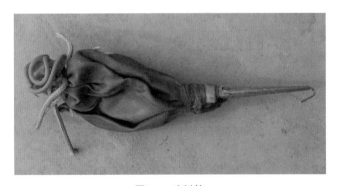

图5-1 高粉筒

（7）软毛刷

软毛刷用于泥金，即上金粉，以及贴金箔之后的"扫金"工序。

二、油漆作的工序及技艺

1.混水活

（1）表面处理

表面处理的目的是使木构表面平整、干净，以保障后续工序顺利进行。由于当地建筑以松木居多，松木被太阳照射后会渗出树脂（当地称"胶"）（图5-2）；因此，表面处理的第一步是用刻刀将渗出树脂的地方挖掉，尽可能挖得深一些，以免太阳照射后

图5-2 未经烙铁处理过的柱子有树脂外渗

树脂继续外渗破坏地仗和油皮。在传统工艺中，工匠为了避免树脂持续外渗，会用烙铁将其一次性逼出。具体做法是，先在木料表面喷洒一些水，以防烙铁将其烫坏，然后将烙铁加热至最高温度，再对木料表面进行加热，反复做4~5遍即可将木料中大部分树脂逼出。经此工序，地仗和油皮保持的时间更久，但此做法花费功夫多，现在已经很少用了。

处理过树脂之后还需将木构表面的结疤、木皮等不光滑的地方铲掉，将一些腐朽之处挖净，并用粗砂纸整体打磨一遍，使其尽可能地平整、光滑。最后，用刷子（或气枪）将表面刷扫干净，表面处理即算完成。

（2）刷胶

在木构表面遍刷一层木胶（骨胶），将一些不平整的毛刺固定住，同时起到一定的防水作用。现在多用清漆代替木胶。清漆按一定比例

用汽油稀释好,浓度不必太高,刷的时候尽量让清漆渗入木料,在其表面形成初步的保护层。

（3）抹缝子

这一步主要是将木构表面的缝隙填平。较大的缝隙用木条进行填补,方法是:将木条劈成等宽的楔形,分段钉入缝隙;若缝隙本身不平直,不易填补,则需先用斧子或凿子将缝隙修直,再进行修补。较小的缝隙填入泥子粉进行修补。泥子粉原先用面粉打成的糨糊与木胶调和而成。调制时将木胶加入糨糊(糨糊必须烫熟,呈半透明状,没有白疙瘩)中,用手进行搅拌,边加胶边搅拌边把糨糊中的一些大颗粒捏碎,然后用纱网进行过滤,同时要感觉、观察其软硬程度,硬度需要高一点,这样其干后收缩少。为了使填入的泥子的收缩度更接近木料,有时也在调好的泥子粉中加入锯末或木屑。泥子粉现在多用石膏粉或大白粉代替,其中大白粉的质地最松软,调制省力但不结实,是末等选择。如果希望泥子硬度高,更结实一些,还可以加入清漆,但这种泥子太过坚硬,干后不易打磨,因此填入时应注意将表面多余的部分一次性刮干净。缝隙填抹好后,等待其干透,再用砂纸打磨光滑,这一步骤即完成。

（4）做地仗

当地的地仗层有麻布地仗和油泥子两种。麻布地仗的工序复杂、造价高,主要用于檐柱和大门两处易受日晒雨淋,并且容易被人观察到的部位;油泥子也称"油活",主要用于博缝板、椽子、望板等需要施油皮、彩绘的部分。

①麻布地仗的做法

做麻布地仗首先需要刮2~3道泥子。泥子与抹缝子的泥子相同,但硬度更低,更细,称"细泥子"。刮泥子时最好用灰刀从下往上刮弧线,这样不容易有接头,容易刮平。每道泥子刮完之后都需要等其干透,并进行打磨、除尘,力求表面光滑、洁净。接下来开始裱糊麻和布。

与官式做法的麻布地仗不同,这里的"麻"并不是麻片而是白麻纸,"布"是棉布。白麻纸是一种以黄麻、布头、稻草为主要原料制成的纸张,表面光滑,质地细薄、强韧,不易变脆、变色,但纸浆较粗,纸表有黏附的草棍、小颗粒。裱糊时,先刷一层糨糊,然后将纸展平并贴裹于柱身,纸缝相接处不能重叠。受纸幅的限制,需要分成上下2~3层。待白麻纸干透后,用铲子将纸表面的草棍、颗粒铲除,用砂纸打磨平整,清除表面灰尘后即可裹布。为使布面保持平整,通常分上下两层进行裱糊,以便拉展。裹布前仍上一道泥子,两人配合将布拉展并粘裹于柱身,用手或刮板排除气泡,抚平褶皱,两端布缝相接,割去多余布料,压实边缘(现在为了裱糊结实,还常用气钉枪沿棉布边缘打钉进行固定)。待棉布层干透后,仍需用铲子铲掉表面颗粒,打磨后继续上两道泥子,再打磨平整,地仗层就完成了。

　　现在为了省事,常省去糊纸的工序,直接涂刷清漆裹布(图5-3)。棉布需事先浸泡在清漆中充分吸收清漆,以便裱糊平整。据彩画掌尺李世尧所述,过去也有在白麻纸上缠麻再裹布的做法,一般用于柱子开裂严重的情况;或者为防止雨水从柱顶石渗入造成柱子腐烂,仅在柱根处缠40~50厘米高的麻片,一边刷胶一边缠,上部用泥子垫平。这

将棉布浸泡在清漆中

刷涂清漆

将布拉展粘裹于柱身

排除气泡,抚平褶皱

图5-3　如今的裹布工序(图片来源:杨如恒)

两种做法目前也已不再使用。

②油泥子的做法

油泥子的做法相对简单,工序较少。传统做法是在上文所述由糯糊与木胶调和而成的泥子中加入桐油,刷涂4~5层(每层都需干后进行打磨,再刷下一层),通过反复涂刷和打磨,达到光滑、坚固的效果。

熬制桐油的技术性非常强,不同季节所用试剂的比例不同;用在不同地方的桐油黏稠度不同,熬制的方法也不尽相同。如今临夏地区的桐油熬制技艺已经失传。不仅油泥子中的"泥子"发生了变化,"油"也变成了清漆。

据李世尧掌尺所述,熬制桐油时必须准备一定量的生桐油以作救急并需事先检验桐油是否受冻,方法是用细竹条或扫帚枝伸入生油中,缓慢拉出,如有凝固的颗粒附着其上便说明生油已受冻,需要待其自然解冻才能使用。西北地区干燥、寒冷,与南方、北方熬油所用试剂(当地称"药")的比例不同。根据其父多年熬油的经验,各试剂配比如表5-1所示:

表5-1　熬制桐油的配方(按重量比计算)

试剂		比例
生桐油		100
土子(含氧化锰的矿石)	夏	0.24
	冬	0.63
	春秋	0.32
密陀僧(银底)(含氧化铅)		0.25
松香		0.84

其中,松香主要起加强光泽度、明亮度以及防凝、防潮的作用,开始熬时即可放入;土子为催干剂,又为试火候剂,通常在快熬好的时候陆续放入,如果放入的土子立马漂上来,说明快熬好了,要随时准备停火;银底相当于澄清剂,快熬好时一次性放入。快熬好时,蘸桐油滴在干净的石头上,根据其拉丝长短(3寸丝、5寸丝、1尺丝)判断成熟程度,

决定是否停火。熬的太嫩（稀）起不到应有的作用，太老（稠）了不容易涂抹。需要时时检验，以免熬过头。什么时候停火还取决于桐油的用途，通常第一道桐油要稍微嫩（稀）一些，第二道稍微老（稠）一些①。当地也常用胡麻油代替生桐油进行熬制。

（5）做油皮

首先，将熬好的桐油与调好的色料混合，二者之间的配比要适度，桐油太多不容易上色，太少则保色不持久。接着，将调好的油色涂刷在地仗层外，干后再刷一层，反复刷涂3~4层。最后，上一层老一些的桐油，油皮工艺就完成了。最后这层老桐油质地比较黏稠，不易刷匀，通常将泡软的猪皮绑在手上，先将桐油均匀地拍上去，再进行涂抹，边抹边看，力求各处薄厚一致，使整体呈现出大理石般光亮的效果。

油皮（图5-4）颜色以红色为主，但不同建筑所用红色也有差异，藏式建筑通常红一些，汉式建筑通常需要混入一些铁红，使其呈现出暗红色。现在的油皮已用油漆代替，一些大面积的地方使用喷枪喷涂，大大提高了施工速度。

图5-4 油皮（图片来源：杨如恒）

2.靠色活

如前文所述，靠色活除了在木构表面直接刷涂两层桐油的做法外，还有一种高级做法，适用于木料较好、木作精细的建筑（图5-5）。由于不做地仗层，靠色活通常采用出油少的木料，例如白松，不能使用油

---

① 桐油的使用原则是一道比一道老。

松。具体做法如下：

（1）抹缝子

用泥子将木料上为数不多的裂缝进行填补，泥子中需调入颜色，使之与最后成品的颜色一致。之后，将木料表面打磨平整，清理干净。

（2）上色

调出接近木料本色的颜色，调色方法与彩画相同[①]，但需控制水与胶的比例，使颜料质地轻薄，既可渗入木料又不至于遮盖木纹。这对工匠调色和上色的技术有较高要求，技术水平高的工匠通常能一次完成，技术不到家的工匠还需要上第二道色进行调整。为保险起见，调色不宜太深，以便二次调整。

色层干透后，用砂纸轻轻打磨一遍，然后用刨花、乱麻或布将表面浮色擦掉。为使木纹更加清晰，也可用毛巾蘸水进行擦拭。

（3）上油

上一嫩一老两道桐油（或清漆）后，即可完工。

图5-5　当代靠色民居

---

① 参见本章第二节"彩画技艺"。

第二节
彩 画 技 艺

一、彩画的艺术特点

　　远离中原的地理位置以及多民族聚居的区域环境,使河州彩画可以摆脱封建等级制度的限制,在大的绘制范式基础上,给予工匠广阔的自由发挥的空间。工匠在汉族建筑彩画构图程式和设色规律的基础上,吸收了藏式彩画的色彩浓郁、对比强烈以及伊斯兰艺术的构图饱满、纹样繁复①的特点,使河州彩画形成了极具地域性的鲜明特色。

　　首先,河州彩画色彩艳丽、浓烈,用色大胆。虽以蓝、绿为主色调,但红、黄色系使用较多,呈暖色调,如同高原浓烈的阳光,给寒冷的大西北带来一丝暖意,也给黄土高原单调的景观增添了一抹亮色。这浓重的色彩也将西北人热情、豪爽的性格体现得淋漓尽致。

　　其次,河州彩画的图案、纹样丰富多彩。多民族地区独特的文化环境,促使工匠在汉族建筑传统装饰图案的基础上不断吸收其他民族纹样的特点,尤其是藏式建筑彩画,例如在云子中加入包叶、珠宝的画法;由于不受等级制度限制,工匠常常发挥创造力和想象力,将不同的纹样加以组合、变化,使装饰图案不断丰富,千变万化。

　　最后,河州彩画的图案繁复、满密,尤其表现在各式各样的几何纹样及斗拱极尽所能对花卉的模仿上。这一点在很大程度上受到伊斯兰

① 刘芳岐:《林下建筑彩画技艺传承现状研究》,西北民族大学 2017 年硕士学位论文,第 15 页。

装饰艺术的影响,这也使得河州彩画表现出极强的装饰性。这种繁复、满密的装饰风格也满足了当地百姓的喜好,具有广阔的发展空间。

二、彩画的类型

1.制式类型

河州彩画大体可分青装、五彩和赭黄玉三种制式,三者的装饰图案基本相同,区别主要在于设色。其中青装和五彩根据图案的等级、是否贴金及纹样的复杂程度,分为大青装、小青装、青装贴金、青装带彩贴金,以及大五彩、中五彩、小五彩。

（1）青装

青装,青绿色调,退1~2道晕,外留白晕,通常用于汉族寺庙。其中,大青装以青为主色,少量绿色做过渡色,退两道晕,禁用大红色,云头等处以紫红代替大红,以黄色代替浅红。小青装(图5-6)以青、绿为主色,较大青装使用绿色较多,可适量加入黄色系,色彩更明快,退一道晕。除了设色外,大青装与小青装还有图案上的区别。大青装的图案等级较高,可绘制龙、凤,装饰图案较复杂、丰富,外檐所有构件均以图案装饰;小青装的图案等级较低,纹饰较简单,以几何纹及山水、花鸟、博古为主,不能绘制龙、凤,檩子等一些不重要的构件上不绘制图案,仅

图5-6　兰州五泉山的小青装彩画及细部

做单色刷饰。青装贴金的等级最高,是在龙、凤、珠宝等图案上沥粉并贴饰金箔或刷饰金粉,使建筑整体产生华丽之感。青装带彩贴金中的"彩"主要指绿色和黄色系,是在大青装的基础上加入这两种颜色,使整体色调更加明快。

青装颜色素雅、庄严,艺术品位较高,但作为民间寺院建筑的彩画,百姓更倾向于艳丽、丰富的色彩,因此自古以来做得比较少。随着彩画区分建筑等级作用的减弱,以及受藏式彩画和伊斯兰艺术的影响,青装中不用大红色的禁忌逐渐弱化。如今的青装多加入红、黄等色,呈现出热闹、丰富的装饰效果,大青装与小青装之间图案的界限也越来越模糊。

(2)五彩

五彩仍以青、绿为主色调,但用色没有限制,多用红、黄色系,色彩丰富、明快,退一道晕,外留白晕。大五彩(图5-7)常贴金,与中五彩、小五彩(图5-8)的区别和大青装、小青装的区别相同。

图5-7 临夏老拱北大五彩牌坊门及细部

图5-8 临夏老拱北小五彩经堂及细部

五彩的装饰效果华丽,深受老百姓喜爱。它既可用于汉族寺庙,也可用于清真寺和拱北(汉、回建筑在题材的选择上略有区别,回族建筑中不能出现人物和折枝花,所绘植物必须落地生根),是河州彩画中应用最广泛的一种。五彩以色彩丰富者为上品,但整体配色仍需协调,可浓艳,可素雅,画师通常参考甲方的意见确定配色。

(3)赭黄玉

赭黄玉(图5-9)是河州彩画中最具特色的一种,是河州回族建筑特有的一种彩画形式,既可用于清真寺、拱北,也可用于民居。赭黄玉,以赭石色为主色,黄褐色调,退一道晕,不留白晕,有点金和不点金两种做法。金,主要用泥金(金粉)。近年来为增强装饰效果,出现了同时刷饰金粉与银粉的情况。

图5-9　临夏老拱北赭黄玉金顶及细部

赭黄玉属于素彩,内外檐所有构件均以黄色刷饰。远观建筑与彩画融为一体,很好地衬托出伊斯兰建筑中的砖雕艺术,整体呈现出朴素、古雅、大气之感;近看又有丰富的细部装饰,给人赏心悦目之感,尤其是刷饰金粉与银粉的做法增加了其华丽感。

采用哪种制式的彩画,一方面由建筑的性质决定。如:五彩适用于所有建筑。赭黄玉仅用于回族建筑。青装通常用于汉族寺庙。如果寺庙供奉二郎神等男神仙,则用青装;供奉金花娘娘等女神仙,则用五彩。另一方面,甲方(通常是寺院主事者)对彩画形制乃至纹样也会提出相应的要求。

2.纹样类型

"先饰后素"是河州彩画的基本装饰原则。"先"指表面,即外檐;"后"指内部,即檐廊。先饰后素的意思是外檐装饰应尽可能地丰富,内檐装饰可相对简素一些。因此,几乎所有的外檐构件都饰以彩画,内檐则以大面积单色刷饰为主,局部采用彩画。需要彩画的构件总体而言可分为两大类:一类是花牵板子、花墩、瓣玛、压条、绰木、梁头等已经做了雕刻装饰的构件,此类构件通常按其雕刻内容,根据彩画制式要求进行套色;另一类是斗拱、檐牵(小额枋)、檩、柱头等没有木雕的构件,此类构件的图案需要进行整体设计,不仅每个构件的彩画要构图美观、比例协调,而且构件之间的构图、纹样、设色也需要有区别和联系,整体协调。现根据建筑构件的类型,对其相应的彩画纹样和配置原则进行论述。

(1)斗拱彩画

踩(斗拱)作为重要的建筑构件,是永靖古建筑修复技艺的重要特色之一,也是彩画装饰的重点。踩的装饰纹样非常丰富、满密,其基本装饰原则是将大斗(坐斗)以及每一个小升子(散斗)看作一朵花,将撑子(拱)看作承托"花朵"的花托。

大斗的斗身通常雕刻成波浪状以模仿金瓜(南瓜),多刷涂金色或橘色,斗底绘制"包叶"(叶片)或以如意云头纹模仿包叶将"金瓜"托出。小升子通常斗底每面绘制两片包叶,中间"长"出一个"乳子"(花苞)。撑子通常绘制如意云头纹模拟"掌手"(花托)。"乳子"常绘红色,包叶常交替绘制蓝色和绿色,蓝、绿每层交替或每个纹样依次交替;"掌手"也以蓝、绿两色居多,与包叶颜色保持一致或相反,整体协调即可。

在"花托""包叶""花苞"的层层衬托下,斗拱绽放出一朵朵"小花",远看色彩统一,近看细节丰富。各式斗拱纹样参见图5-10。

(2)小额枋彩画

檐牵(小额枋)由于距离人的视线较近,且通常不做雕饰,因此也

图5-10　各式斗拱纹样

是重点绘制彩画的构件。檐牵彩画通常由枋心加藻头两部分构成。其中，枋心被称为"堂心"或"洞洞"；藻头多为各式云纹，被称为"洞口云子"。

堂心有三种题材：第一种是几何纹，包括别子、拐子、锁子、弯子、锦子等多种类型，每一种又千变万化。工匠常根据彩画的制式选择复杂程度不同的纹样，如大青装、大五彩等等级较高的彩画即选择九连环、龟背套龟背等较复杂的纹样，小青装、小五彩则选择纹样较简单的人字别、十字别等纹样。几何纹（图5-11）是河州彩画中最具特色的一

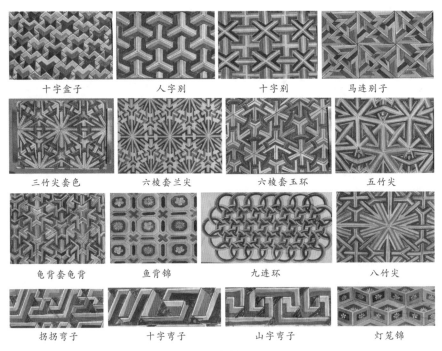

十字盒子　　人字别　　十字别　　马连别子
三竹尖套色　　六棱套兰尖　　六棱套玉环　　五竹尖
龟背套龟背　　鱼背锦　　九连环　　八竹尖
拐拐弯子　　十字弯子　　山字弯子　　灯笼锦

图5-11　几何纹（李世尧掌尺绘制）

种装饰题材,也最能代表匠师水平。由于几何纹图案线条复杂,色彩繁复,学习起来吃力,绘制耗工费时,随着计费方式的改变,复杂的样式绘制得越来越少,如今许多已经失传。第二种是国画题材,常见的主要是山水、花鸟和博古。第三种是龙、凤题材,常出现在汉族寺庙和回族建筑的明间。近代以来,回族建筑常以海水朝阳纹样代替龙凤纹样。

洞口云子(图5-12)的种类亦非常丰富,有梅花云子、批条云子、北京云子、热贡云子、海棠云子等,不计其数。它们可以根据檐牵尺寸及枋心大小随意搭配,或与香草纹、回纹、包叶等自由组合,产生千变万化的装饰效果。通常云头要用一点红色进行点缀,活跃色彩,俗称"云子头上一点红"。

藻头与枋心没有固定比例,通常由画师根据构件尺寸、比例确定,

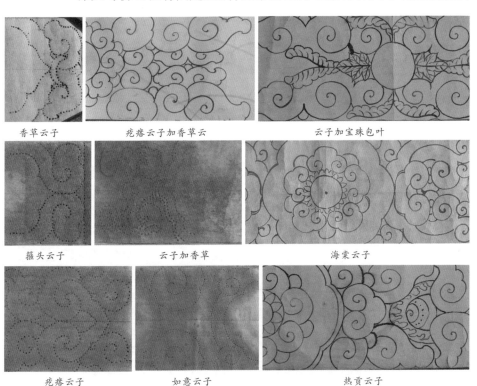

香草云子　　　疙瘩云子加香草云　　　　云子加宝珠包叶

箍头云子　　　云子加香草　　　　海棠云子

疙瘩云子　　　如意云子　　　　热贡云子

图5-12　各式洞口云子(李世尧掌尺绘制)

以美观作为唯一原则。因此,檐牵的构图非常灵活,可设计1~3个枋心。由于洞口云子的弹性空间非常大,可以随意搭配组合、增加或减少,因此工匠往往以枋心的个数和尺寸控制每开间彩画的比例,以及各开间彩画之间的关系。

设计时通常以明间作为参照标准。以三开间建筑为例,假设明间为二枋心式构图。若次间与明间的开间尺寸相等,则次间与明间的构图方式保持一致,枋心内容要有所区别;若次间较明间略窄,则次间为一枋心式构图。若为二枋心式构图,则位于中间的两朵洞口云子通常夹一圆形花卉纹,形成视觉中心,或可理解为此类洞口云子需选择带花卉纹的云子,如海棠云子。明间枋心若绘制几何纹,则二枋心需保持一致以形成对称的效果;次间的二枋心若绘制几何纹,则可灵活处理,亦可绘制不同图案,但两个次间枋心的图案需保持对称。

如果平枋(平板枋)没做雕饰,则需做彩画。大式建筑的做法是以檐牵的构图方式为参照:若檐牵为二枋心式构图,则平枋设计成三枋心;若檐牵为三枋心式构图,则平枋为二枋心,使二者在构图上形成一定的变化和对应关系(图5-13)。小式建筑的平枋被隔间墩(假梁头)分割成几小段,可根据情况绘制几何纹或博古等小型题材。

檐部水平构件中不做雕饰的还有檩子。檩子因尺寸较小,距离人的视线较远,不是做彩画的重点,通常绘制一些简单的吉祥纹样或以单色刷饰,并与牵和枋在色调和图案上区分出层次,构成建筑彩画的完整性(图5-14)。

图5-13 檐牵与平枋的枋心关系

图5-14 牵、枋、檩的图案和
设色要区分层次

（3）橡头、枋头彩画

橡头彩画（图5-15）的图案亦非常丰富，有孔雀翎、万字纹、风车纹及梅花、绣球等各式花卉纹。通常橡头上一定有彩画，飞橡上则或以单色刷饰或绘制与橡头图案不同的彩画。

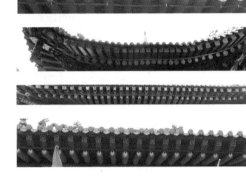

图5-15 各式橡头彩画

平枋与檐牵的枋头通常绘制各种花卉纹或几何纹（图5-16），二者在颜色和图案上要有一定的区分；亭子、牌坊等呈一定角度穿插的枋木也有将枋头砍成斜面的做法，其图案内容与平面做法相同。

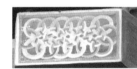

图5-16 各式枋头彩画

（4）柱头彩画

柱头彩画（图5-17）主要分为三段：从平板枋开始到小额枋下皮为上段，主要绘制几何纹；下接如意云头纹，称"柱头云子"；最下面一段为由包叶和珠穗组成的"柱穗"。各段比例仍以美观为判断标准。柱穗的画法主要受藏式建筑彩画的影响。

图5-17 柱头彩画

三、彩画的工序及技艺

1.刮白

刮白相当于做"衬地"。清理木构表面之后先刷一层木胶(骨胶),使胶水渗入木料;接着,刮1~2道泥子(彩画的泥子质地较油皮的略粗),每层分别打磨平整;最后,整体涂刷两层白颜料形成白色基底,称"刮白",从而使彩画颜色更加突出。对于质量上乘的彩画而言,这层白色衬地最终会被填入的颜色全部覆盖,称"刮白不见白"。

由于河州彩画以蓝、绿为主色,现在一些工匠为了省事,不刮白底而用绿底,以便一些地方即使填色不到位,也不至于太过突兀。这种做法的缺点是不如白底易显色,因此,填色时颜色饱和度要高一些。

2.做样纸

做样纸即"画谱子"。首先,由经验丰富的画匠掌尺对建筑各部位的彩画进行整体设计,包括绘制的内容以及配色。绘制的内容与配色主要根据建筑的类型、等级,彩画的类型,甲方的要求及工钱决定。彩画的类型一旦确定,内容和配色的大原则就确定了,具体的纹样、颜色均由掌尺灵活掌握,整体美观、协调即可。接着,要对需要绘制彩画的构件一一测量、编号、标记,并为每个构件配置1:1的牛皮纸,标注相应的号码。然后是最关键的步骤——绘制图案,通常也由掌尺亲自绘制。由于彩画图案多为对称的,因此通常将图纸对折,只画一半,扎完展开自然形成一幅完整的图案(如果是圆形构图,则将图纸折两折)。扎谱子当地称"扎图",即沿图案轮廓线均匀地扎出小孔。传统做法是用香头烫出孔洞,这种做法不容易破坏图纸;现在多将谱子垫在泡沫塑料上,用粗一些的缝衣针扎出小孔。

由于拍图、装色工作多由徒弟完成,为确保颜色正确,掌尺有时在绘制谱子时即将主要颜色标注在相应位置,一并扎出,拍图时自然标记在建筑上。一方面文字写法复杂不易标记,另一方面工匠文化水平不高,识字者不多;因此,颜色多用符号表示,例如青色标为"三",红色标为"工"等。现在随着工匠受教育程度的提高,这些标色符号正逐渐退出历史舞台,只有少数工匠仍在使用,多数情况下用文字标识。

3.拍图

　　拍图相当于"拍谱子"。将样纸按编号固定在相应的位置,用纱布粉包在孔洞处轻拍,色粉即可透过孔洞在白色的基底上留下清晰、流畅的石青色粉线。

4.装色

　　河州工匠将绘制彩画的过程形象地称为"装色",即在已有的粉线中填入相应颜色(图5-18)。装色看似简单,却极见功夫。

图5-18　柱头装色

装色的第一步是调颜色。河州彩画的调色方式有两种：一种用于前文所述的油泥子地仗。如果用了油泥子地仗，那么调色时彩画颜料中也常常加入桐油，这种做法称"油色"或"油混彩画"。由于地仗和彩画中已经含有桐油，所以通常省去最后上桐油的工序，呈现出亚光的效果，艺术品位较高。油色的另一个优点是保色时间长，缺点是成本较高，而且用油调的颜料延展性差，对工匠技术的要求较高，工匠所花费的时间也更长，因此做得比较少。

　　另一种方式是常见的用胶水调颜色，这种做法称"水色"。传统颜料为矿物质颜料，称"石色"，需要碾磨后提前一天用水泡开。胶水中最好的是用鱼鳔制成的鳔胶，其本身呈透明状，不会影响颜色，而且黏结力较强，缺点是成本较高，熬制时间长，现已不再使用。目前最常用的是骨胶，呈半透明状，加多了会对色彩产生一定的影响，尤其是对白色影响较大。以前的骨胶呈片状，需要隔水熬制；现在的骨胶做成小颗粒状，需提前一天用冷水浸泡，第二天使用时加热水化开即可。

　　颜色的持久性与胶的多少有直接关系，少了保色时间短，太多了彩画容易龟裂，俗称"日晒胶泥卷"，唯有恰到好处才能达到最佳保色效果。胶水的比例与不同石色的性能、用量，胶水所用的色层（一层比一层胶少），以及天气的冷暖密切相关。为保证质量，通常由经验丰富的工匠专门负责调胶。彩画工作通常不可能一天完成，颜料隔夜不仅胶性减弱，如果是夏天还会变臭。因此，为保证颜色统一，调色通常由经验丰富的专人负责，既要保证每天调的颜色具有一定的相似度，又要保证调出的颜色色调统一，既不艳俗也不暗淡。

　　颜色调好后，掌尺给每个人分配一种颜色，同时开始装色。装色顺序是"刷大色""压晕""绘制堂子""着墨兴粉"。

　　"大色"即主色，河州彩画以蓝、绿为主色。"刷大色"就是刷饰以群青做"头蓝"、以洋绿做"头绿"的两种主色。颜色要刷饰均匀，不能忽深忽浅，技巧是从两边刷起，两笔颜色在中间接续、叠加，产生均匀的效果。

第二步是在"头蓝""头绿"中加白调出"二蓝""二绿"作为"晕色"。刷饰晕色称"压晕"或"压色"。加白的量以色阶过渡自然为标准，加多了容易变色。每道晕色的宽度要保持一致，这非常考验工匠的技术和眼力。

第三步是"绘制堂子"，即画枋心。绘制的内容有两种：一种是传统的山水、花鸟、花卉等国画题材，通常不制谱子，由画功高超的画师直接绘制。国画颜色讲究过渡自然，因此被称为"染色"（即"退晕"），技法讲究一笔二色或一笔三色，一笔画成。另一种是最具河州特色的别子、弯子、锁子等几何纹样，由于需要借助尺子完成，被称为"尺子活"。这类题材最考验画师的功夫。由于线条和颜色穿插复杂，画线、装色必须由同一人完成，要求画师对图案非常熟悉，即便如此，稍有不慎也容易发生错乱。几何纹的绘制通常也不制谱子，画师现场确定好纹样后，先计算共画几组，每组的尺寸是多少，然后在堂心内打好横竖网格，接着借助网格绘制图案线条。由于线条穿插复杂，常常需要反复调整。为保证画面整洁，通常不用铅笔绘制，而是用不同颜色的土搓制成画笔，既容易擦拭又可以分出层次，既不容易在画线时弄混也便于之后填色。这道工序称作"修底子"。底子修好后填色时，要求比着尺子一笔将这条线上的色画完，切忌一段一段地画，以保证线条平直。

第四步是"着墨兴粉"，这是装色的最后一步。"着墨"是在最深的颜色处勾勒墨线，使花纹更加立体，近似于"压老"（即所有颜色都装完后，用黑色、深紫色等深的颜色在彩画最深的颜色处勾勒，使图案更加立体）；"兴粉"是沿着所有晕色外围勾勒白晕，使压晕的层次更加丰富，图案更清晰。与压老不同，着墨仅在彩画最深的几处颜色局部勾勒，但所有晕色均需兴粉，称为"墨可以不着，粉必须兴"。着墨兴粉的线条必须细，避免将其他色压盖，线条太粗还会使彩画显得笨拙。由于装色之前已刷饰白色基底，有时为了省事，直接将基底的白粉留出，称"着墨留粉"。

5.上矾水

河州彩画没有"合操"(绘制彩画前将胶矾水配青灰色颜料遍刷于地仗表面)的工序。为保色持久并防止色彩被桐油、清漆渗透产生变色,装完色后需要给彩画整体涂抹一层矾水。矾水的浓度需适中,若浓度过高会加速清漆脱落。调制矾水凭借的也是经验,工匠通常蘸取适量矾水用舌头感受一下,觉得略微发涩即可。

6.贴金

首先在需要贴金的地方"起高粉",即"沥粉"。高粉用当地的黄土(大白土)和骨胶调制而成。黄土要过筛3~4遍,与胶的比例大约是2:1,胶太多高粉容易裂开。同时,胶的浓度也需要控制好。据张世存掌尺所述,熬胶时胶、水的比例大约是1:1.5,熬出来感觉应比油漆稀一些。起好的高粉要有一定的厚度,并且要流畅、均匀,起高粉也是考验工匠技术的一道工序。

接下来要"上衬色",即在起好的高粉上刷涂一层与所贴金箔相近的颜色作为底色,这样即使有贴不到位的地方也不会显得太突兀。

贴金要选择没有风的天气,以免金箔被吹坏。先刷两道嫩桐油作为底油(一道干了再刷下一道),然后刷老桐油,贴金。匠人通常根据自己一贯的贴金速度先上一部分桐油(上的地方太多,金箔还没贴到桐油就已经干了;上的地方太少,效率不高),等待桐油半黏不黏的时候开始贴金。"半黏不黏"的标准是,用手轻触桐油表面,既有一定黏性,又不会粘在手上。黏性太高时贴上的金箔不亮。贴金时,手不能触碰金箔,以免留下指纹破坏光泽度,通常用软硬适中的面团粘取金箔。贴金时还需要用毛巾(或口罩)将口鼻掩住,以免呼气把金箔吹皱,造成浪费。现在已用清漆代替桐油贴金。

最后一步是"扫金",工匠称"金越扫越明"。贴完一部分金后,紧接着就要扫金。用毛笔(或软毛刷)在贴金部分轻扫,将多余的金箔扫掉;还有一些没有贴到的地方,需要用毛笔沾扫下的碎金箔进行修补,称"补金",一些细小的地方也可用金粉进行填补。

由于金箔的造价较高,受资金限制,大部分建筑用金粉(称"泥金")代替金箔。

7.上油

上油即对彩画整体刷一层桐油(或清漆)。上油结束,绘制工作即告完成。

四、油漆彩画技艺在现代的变化

1.材料的变化

油漆彩画技艺的变化首先反映在材料上。矿物质颜料价格高昂,购买不便,调配复杂;熬制桐油费工费时,技术含量高。随着价格便宜、使用方便的化工原料的普及,河州彩画除了在古建筑修缮时使用传统材料以外,新绘制的彩画除非甲方有特殊要求,大多数情况下已用化工颜料代替矿物质颜料,用清漆代替桐油。

化工原料的使用减少了磨制、调配颜料及熬制桐油的工序,大大缩短了工期,也降低了对彩画技艺的技术要求,使更多人可以从事彩画工作,但也缩短了彩画的保色时间。

2.地仗处理的简化

由于从"日工资"变成包工包料按工程量计费,为加快工期,现在的地仗工艺往往省略以高温逼出树脂的工序,麻布地仗中缠麻和裱糊麻纸的做法也已消失殆尽,仅做裱糊棉布的处理。西北地区昼夜温差大,相较于其他地区,油皮的寿命更短。地仗层制作工艺的简化,使油皮变得更加脆弱,渗油、空鼓、开裂的情况非常普遍。

3.图案的变化

图案的变化主要体现在两个方面。一方面,受计费方式改变的影响,一些样式复杂但装饰效果极佳的图案画得越来越少;为生计所迫,许多工匠仅掌握一些简单的图案和技法便急于出师,形成了恶性循环,也致使许多精美图案失传。

另一方面,随着网络的发达,工匠们的学习途径大大增多。一些善于学习的工匠通过网络、书籍等途径接触到其他派系的建筑彩画。他们以掌握了本地没有的画法为荣,并在自己的实践中加以应用,从而进一步丰富了河州彩画的内容,但在某种程度上也破坏了河州彩画的纯粹性。

从笔者调研的情况来看,现代工匠引入的内容多为官式彩画中易掌握的纹样及一些较简便的画法。引入的纹样主要是旋子和草龙;引入的画法主要是,一字枋心以及斗拱不绘纹样,只做退晕处理(图5-19)。值得肯定的是,工匠对官式彩画的学习并不是生搬硬套,而是结合了河州彩画的传统特色,例如斗拱常不做单色处理,而是柱头斗拱与补间斗拱分别采用蓝、绿两色,打破了官式做法的沉闷感(图5-20);对于蜜盘踩、凤凰踩等特殊斗拱,常根据其独特造型加入红、黄两色进行调节,强化其特点及装饰性。

图5-19　引入官式旋子彩画的画法　　　　图5-20　斗拱官式画法的地方化处理

第六章
营造习俗及技艺的传承与保护

第一节
营 造 习 俗

贯穿营造过程的仪式主要有破土、架马、立木、上梁等,其中上梁仪式最为隆重。

| 一、破 土 仪 式 |

破土是指瓦工开始进行房屋基础的施工,标志着营建工程的正式开始。举行破土仪式是为了祭拜土地神,希望得到他的谅解和批准。仪式共有六个环节。

1.择日

破土前,请阴阳先生(风水师)选定吉日、吉时。

2.上香、点灯、焚黄

吉时一到开始放炮,意为宣布仪式开始;同时,房主将庄窠里的土往中间撮成一堆,将香插在上面,点一盏青油灯,焚化黄表纸,并默默地祈祷。

3.献盘

在插香的土堆后面摆放一张炕桌,其上供奉水果、干果①、十二个

① 当地过去经济落后,气候条件恶劣,献盘所用的多为核桃和红枣这两种当地盛产的干果,有条件的家庭会献一些水果。

素盘①等。其中,素盘是必不可少的,水果、干果等则视各家情况而定。

4.浇奠

主人先将酒浇在插香的土堆上,然后在整个地基范围内浇洒酒浆。之后由礼神读祭土文,大意为:土地神在此,今修建宅基,租借你的地方,请你允许,并且保佑施工顺利,保佑我的子孙兴旺发达,家宅平安。读毕,将祭文焚烧在土堆前。

5.破土

主人和掌尺两人在庄窠的四个方向各铲一铁锨,在中间铲三下,并将铲出来的土堆成一个土包,便表示破土了。之后开挖地基并撒入十二精药②和五色粮食③。十二精药有净化房基、请神安宅的作用;五色粮食象征着五谷丰登,家宅兴旺。最后,在地沟内放入一片铁铧以镇太岁。如果是维修房屋,则将房上的瓦、砖或土坯拆下来一块,即表示动土了。

6.待匠

主人宴请工匠。

| 二、架 马 仪 式 |

架马仪式即木工的开工仪式,标志着木工活的开始,共有五个

---

① 素盘即卷花的大馍馍,上面点五个红点。素盘的个数和摆放均有一定的规矩:给家宅、神佛献的素盘是十二个,婚礼时献十个,葬礼时献九个(葬礼上的素盘是不卷花的)。摆放时,底层摆三个,平的一面朝上;第二层的三个平的一面朝下,与底层的三个正对上,形成一个圆形;第三层的三个在第二层的空隙处摆放,平的一面朝上。以此类推,素盘最后形成塔状。

② 十二精药即十二味中药材,分别是天精巴戟、人精人参、地精芍药、日精乌头、月精官桂、鬼精鬼箭子、神精茯神、山精桔梗、道精远志、蚕精杜仲、兽精狼毒、松精茯苓。

③ 五色粮食即五种颜色的粮食,当地一般用小麦、豆类、青稞、玉米、谷子。

环节。

1.先造木马后选梁

首先由掌尺挑选优质的木料做两个木马,然后将用来做梁的木材选好。

2.择日

选定吉日、吉时。

3.上香、点灯、焚黄、献盘、浇奠

在院中设香案,吉时一到即放炮,同时主人开始上香,点青油灯,焚化黄表纸,并供奉素盘等供品,浇洒酒浆。

4.圆木

木匠将选好的梁架在木马之上,由掌尺锯三下,砍三锛子,代表圆木完成。

5.待匠

主人宴请工匠。这一天木匠不用干活,但是工钱照拿,当地俗语称"圆木不做活"。

┃ 三、立 木 仪 式 ┃

立木指立起大木结构的屋架,是营建过程中风险较大的一个环节,通常需要3~5天,举行立木仪式的目的在于木匠祈求神灵庇佑立木顺利。立木仪式主要有三个环节。

1.择日

选定吉日和吉时。通常会根据已经选好的上梁吉日定立木的日子，不宜将工期拉得太长。

2.立木

吉时一到，一边放炮一边开始立木。从东边第一组柱子开始，顺时针立木。柱子的梢部要朝上，根部要朝下，绝不能出现"倒栽木"。立木之前，由掌尺给东边的第一根牵（额枋）上搭红（系一条红绸被面），并在上面扎一个凿子，其上挂一个锯子。

3.贴柱口贴和对联

柱子立起来后，在瓜柱上贴上"柱口贴"（图6-1）。柱口贴事先请懂规矩的人写在五寸长、二寸宽的红纸上。柱口贴根据门的朝向、星宿的位置进行排布，即"左辅右弼，左文右武，

图6-1 柱口贴

左青龙右白虎"。中间两根檐柱上贴对联，内容是"鲁班立柱，老祖架梁"，横批"吉星高照"。

四、上梁仪式

上梁也称上包梁、上宝梁。所谓的"梁"，其实是中檩，即房屋中心的檩子（图6-2）。上梁标志着大木结构落成，因此上梁仪式是整个营建

过程中最隆重的仪式,共有十一个环节。

图6-2　民居的宝梁

1.择日

根据主人的生辰八字以及庄窠的位置选定吉日和吉时（一般为早上）。

2.包宝梁

在梁的中心开一个长2寸、宽1寸、深1寸的木槽,由掌尺或家中德高望重的长辈在里面放入金银珠宝、五色粮食、茶叶以及十二精药(寺院还要放入来自圣地的水、土)。金银珠宝[①]象征着财源广进;五色粮食代表五谷丰登;茶叶是河湟地区人们日常生活中不可或缺之物,梁中放入茶叶寄托了人们对富足生活的美好愿望;十二精药有保平安之意。

放好之后,上面用一块发面盖好,再将取下的木块安装回去。发面一方面可以充当泥子,将木块牢牢封住,另一方面也有发财的寓意。然后,用一块红布将梁包裹起来,并将麻钱(铜钱)一分为二,分别将红布的四角钉入木头中固定好。

---

① 普通人家通常放银圆、铜钱或戒指、耳环之类的首饰,实在没有的情况下也可以用硬币代替。

红布上面用大麻和五色花线捆绑一支毛笔和一双红筷子。毛笔是希望家里能出读书人;红色的筷子既象征了丰衣足食,又暗指快快发财;长长的大麻和五色花线代表着幸福长长久久,吉祥如意。有时还会捆绑一本万年历,取谐音大吉大利。总之,这些东西均代表了吉祥与祝福,寄托了人们对幸福生活的美好期望。

赶在吉时前将梁包好,架在院子里的木马上,并在梁两侧拴好起吊用的绳子。

3.上香、点灯、叩首、献盘

在院中设香案,主人上香、点灯、叩首,并献上十二个素盘及其他供品。

4.拉梁(图6-3)

吉时一到,掌尺腰中别着一把斧子在鞭炮声中登上屋架,同时有人在梁的正中间贴上"姜太公在此大吉大利",接着两名木匠开始将包梁缓缓上拉,边拉边说:

> 要得东家喜欢,各卯各牵锯严;
> 要得亲戚喜欢,龙骨海菜摆全;
> 要得尕木匠喜欢,花红利市放全。①

东家把利市放在梁上,木匠继续上拉。他们有时故意将梁的一边拉得快一些,另一边拉得慢一些,嬉笑着对主人说:"这边太重啦,拉不动,东家再放上些。""这边太轻了,东家再压给些。"大家哄笑着,让东家继续在梁上放利市(寺庙等大型建筑现已改用吊车上梁,故拉梁环节的喜话逐渐省略)。

---

① 赵忠:《河湟民族饮食文化》,敦煌文化出版社 1994 年版,第 188—190 页。

图6-3 拉梁

5.安梁

梁吊上去之后,木匠开始敲敲打打安梁,掌尺则骑坐在旁边的梁上,用斧头背将梁敲击三下,边敲边说:

打一斧来千里响,鲁班老祖在此堂;

木狼木狼坐在此堂,二十八宿稳坐中央。[①]

6.说喜话

梁合卯后,掌尺开始说喜话。"喜话"也称告禀,是河湟流域一种特殊的文化习俗,是立木上梁、婚丧嫁娶、踩彩门、祭祀等民俗活动的重要环节。不同场合有不同的喜话。虽然喜话有固定格式,但也需根据实际情况进行适当改编。掌尺这一天代表鲁班爷,说喜话是对东家的祝福:

鲁班强来鲁班强,先造木马后选梁;

鲁班巧来鲁班巧,先锯材料后开卯。

那时节,

人没有住的房屋,马没有鞴的鞍。

鲁班老祖落凡来,盘古初分扎房屋;

九天玄女紫金梁,东方遗留到如今。

---

① 根据胥恒通掌尺口述整理。

你的这个大宝梁:

生是生在松柏林,长是长在石山里。

上长青枝绿叶,下长古树盘根;

上看端正,下看干净。

樵夫砍倒在长河沿边,长流水淌到你的门前。

东家拿黄金白银啦买回来,调了千军万马拉到白虎场。

才让我尕木匠,

成柱的选了柱,成梁的选了梁。

墨斗尺子圣人留,二十八宿显豪光;

留下墨斗吊中央,留下尺子等四方;

锛子斧头奎木狼,锯子锯了乱嚷嚷,

推刨推了溜溜光,凿子挖了四四方。

此今日,

你请了高功先生①,

年里选月,月里选日,日里选时,

选定了某日某时某辰几月初几立木上梁,

青龙星子时架起了白玉柱,白虎星卯时拉起了紫金梁。

大梁好似一条龙,

升是升在半虚空,落是落在紫银中,

永佑家家户户不受穷。

大喊三声:

姜太公在此上梁大吉,

姜太公在此上梁大吉,

姜太公在此上梁大吉。②

---

① 高功先生,道教中仪式的主持者。

② 根据肖永礼掌尺口述整理。

7.浇奠

喜话说毕,掌尺开始往包梁上浇洒浆,边浇洒边说:

浇两盅,浇两盅,

脚踩莲花往上升;

人浇梁头粮有千万石,

雨浇梁头当年富。[①]

8.接宝

掌尺将一枚事先用红布包裹好的素盘(雪白的素盘象征着银元宝)抛给东家,同时说:

叫一声东家往前来,大梁底下接宝来;

八十两元宝白如雪,高头扔宝底下接;

八十两元宝压箱柜,镇家宅年年岁岁。[②]

9.撒"金钱"

最后,掌尺站在房上,向下面的众人抛撒糖果、枣、花生、核桃等物。这些"金钱"代表着福分、喜气,男女老少一起喧闹着哄抢,这也是整个过程中最热闹的环节(图6-4)。掌尺边撒边说喜话:

刘海蟾,走在路上撒金钱,

金钱撒到你的院,荣华富贵万万年。

朝前一把,庄子里家家富贵;

往后一把,全村人牛羊满圈;

往左一把,家里儿女大的成双成对,小的读书成才;

---

① 赵忠:《河湟民族饮食文化》,敦煌文化出版社 1994 年版,第 188 页。

② 同①,第 190 页。

朝右一把,出门的君子空怀出去,满怀进来;

中央再撒一把,中央屋基吉祥富贵。①

图6-4　人们哄抢掌尺撒下的"金钱"

10.搭红

搭红也叫"披红挂彩",是河湟流域又一特殊习俗。"红"指红布,将红布搭在当事人的脖子上,渲染了喜庆的气氛,同时也是一种趋吉避凶的行为。此时,由主人依次给掌尺、贴尺及其他木工主匠搭红(图6-5)。给掌尺搭的是9尺长、2尺宽的绸缎,也叫"搭绫";其他人均为6尺长、5寸宽的红布条,现多用缎子被面或毛毯代替。

图6-5　给掌尺和其他木工主匠搭红

① 根据胥恒通掌尺、肖永礼掌尺口述整理。

11.待匠

主人宴请工匠与前来庆贺的宾客。席间，东家向掌尺敬第一杯酒,掌尺则用右手无名指蘸酒弹三下,代表敬天、敬地和敬人,而后一饮而尽。

第二节
技艺的传承与保护

一、传 承 现 状

1.传承人数减少

白塔寺川深厚的文化底蕴使得掌尺们普遍有着"唯有读书高"的观念,他们认为建筑的营造者是"下苦的人",所以无论声名多么显赫的掌尺,都不愿意自己的后代再从事自己的职业,只要有条件,他们就会供孩子读书。假如后代书读得好,传承就断了;书读得不好,再重操祖业。俗话说:"富不过三代。"有很多家族第二代出了读书人,到了第三代家族逐渐没落,族中子弟便跟族中的叔叔、爷爷学习或另外拜师学艺。这导致传承极易中断,民国时期赫赫有名的四大掌尺刘寸三、陈来成、朱存聪、海葫芦,如今只有朱氏一脉传承下来。

另一方面,学习建筑营造技艺不仅周期长、出师慢,而且是苦力活,需常年背井离乡,年轻人多不愿意干这份"苦大""操心"的活,导致传承人数大为减少。以木作为例,据永靖县文化馆调查统计,1954年,白塔木匠有1 686人,2013年仅剩520余人[①];从走访工地的情况来看,木匠年龄以40~50岁居多,30岁以下的年轻人基本没有。

2.营造质量下降

一方面,建筑营造技艺变成一些人被迫选择的谋生手段,因此他们往往缺乏钻研精神,浅尝辄止。另一方面,传统的计费方式是按天计费、包吃包住,因此掌尺在设计、施工时往往不遗余力地将活干好,使得精品迭出。如今的计费方式变为包工包料;"做工不做料"的项目,则根据工程量的大小定价。计费方式改变后,工期缩短意味着利润的增加,导致营造质量下降。

3.一些技艺面临失传

计费方式的改变还导致了一些技艺失传。首先,许多"高级别"的做法(如粽子踩、六棱套玉环彩画)不仅技艺难度高,而且制作起来费工费料,出于对成本的考虑,掌尺自然选择较简单的做法,这直接导致了一些技艺失传。其次,一些特殊的大木结构是为了应对木材短缺、大料难寻的问题而做出的解决方案。如今,交通方便,木材充足,用常规的结构也可以解决大跨度的问题[②],因此,那些繁复的结构变得无用武之地。最后,在过去,寺院之间的信息交换、口口相传是营造技艺传播的重要途径。如今,寺庙负责人在修建前往往四处考察,看到满意的建筑,便请来它的建造者,按同样的规制建造。因此,在调研中常能看到相邻村庄出现同等形制、同等规模建筑的情况。一些做法本就属于风

① 数据来源:《国家级非物质文化遗产代表性项目申报书》,永靖县文化馆提供。
② 在一些特殊情况下,掌尺采用墩接的方法解决木料长度不够的问题,并用钢板和螺栓加固墩接处。

毛麟角,随着营造机会的减少,知道的人越来越少,东家不提出专门的要求,营造的动因也随之消失,形成了一种恶性循环。随着老建筑的拆除,老一辈掌尺的谢世,一些技艺正在消失。

| 二、保 护 途 径 |

面对传承危机,永靖县政府已经采取了一些措施,并初步取得成效,如:成立永靖县古典建筑公司,申报国家级非物质文化遗产,利用媒体进行宣传,对传承人以及老一辈白塔掌尺的建筑遗存进行普查,等等。此外,政府还根据木匠的技能掌握程度,颁发"古建技艺荣誉证书",共分为初级、中级、副高级及高级四个等级,以利于白塔木匠在外承包工程。然而,要想对永靖古建筑修复技艺实施有效的保护,不能盲目追求传承人数的上升,承接工程量的增加,以及经济效益的提高,重要的是摸清家底,搞清楚保护的重点和方向。

一方面要"打进去",通过调动传承人、保护单位、学者以及社会的力量,使技艺得到更好的保护与更好的传承,恢复技艺的感人状态。第一,应组织更多专家、学者进行学术研究,对各作技艺展开充分、深入的挖掘。第二,应通过培训、教育等手段,培养传承人的文化自觉和自信,提升他们作为传承人的自豪感和责任心,提高传承的积极性。第三,对尚存的建筑遗产进行普查、登记,并对其中研究价值较高的进行测绘、三维扫描。通过测绘,可以对已经失传的结构进行研究,探究、恢复失传技艺;三维扫描的目的则是建立数字资料库,对建筑进行数字化保护,是营造技艺保护的另一种形式。第四,在文物的复建与修缮中传承营造技艺。文物修缮,是营造技艺传承的一条重要途径,尤其是在技艺失传的情况下,落架或半落架维修使后人可以对前人做法一探究竟。目前的文物修缮项目掌握在个别有资质的团队手中,不利于技艺的传承,今后的相关工程。应组织工匠进行集体学习。在集体学习的过程中,还能培养工匠的集体意识,增进感情,改善各立山头、缺乏互相学习的情况。修缮时,除了要使用传统技艺外,还要注意传统材料、传统工具的运用,以及依照传统营造习俗,举行相关营造仪式。此外,还可效仿日本的"造替制度"①,通过对建筑遗产的拆除重建,以活态的方式保护建筑遗产,传承营造技艺。

另一方面要"打出来",使传统营造技艺与现代艺术、现代人的生活方式接轨,在传统中创新,使技艺焕发出新的生命力。例如,可以成立小木作工作坊,聘请艺术家与设计师,对建筑木雕进行艺术加工,运用丰富多彩的隔心样式进行艺术再创作,将当代的艺术观念和艺术语言与传统的木雕技艺相结合,用现代艺术的手法表现出永靖传统建筑木雕的独特韵味。传统工匠与当代艺术家合作,充分考虑现代人的需求,在传统中创新,在探索中前进,找到一条适合白塔寺川传统建筑小木作营造技艺发展的道路,使营造技艺的传承与时代接轨。

---

① "造替"是指匠人每隔一定年限,交替在距离很近的两块建筑用地上对建筑进行拆除重建。李良树:《建筑材料表达策略与实践研究》,天津大学 2013 年硕士学位论文,第 34 页。